"十四五"职业教育国家规划教材

中等职业教育计算机专业系列教材

CorelDRAW
中文版案例教程

第四版

■ 主　编　刘　铁
■ 副主编　崔亚强　陈　佳　李晏军　张代英
■ 参　编　余晓斌　陈昌玲　吴玉蓉

重庆大学出版社

内容提要

本书介绍使用Core1DRAW X8进行平面图形图像设计的方法,其内容包括基本概念与快速入门、形状绘制与造型设计、文字效果与图文排版、位图编辑与滤镜特效、综合技术与市场运用。

全书共5个单元,每个单元包括了多个案例,案例分成了几个活动来完成,以活动方式引导读者学习知识,在制作过程中培养学习兴趣,用到什么工具就介绍该工具的使用方法,并配以相关练习。

本课程是平面设计专业和数字媒体制作专业学生学习图形图像处理的一门必修课程,也可以作为其他计算机类专业的选修课程。

图书在版编目(CIP)数据

CorelDRAW中文版案例教程 / 刘铁主编. —4版. —

重庆:重庆大学出版社,2022.8(2025.1重印)
中等职业教育计算机专业系列教材
ISBN 978-7-5624-9543-7

Ⅰ. ①C… Ⅱ. ①刘… Ⅲ. ①图形软件—职业教育—教材 Ⅳ. ①TP391.412

中国版本图书馆CIP数据核字(2022)第024921号

中等职业教育计算机专业系列教材

CorelDRAW中文版案例教程

(第四版)

主 编 刘 铁

副主编 崔亚强 陈 佳 李晏军 张代英
责任编辑:王海琼 版式设计:王海琼
责任校对:关德强 责任印制:赵 晟

*

重庆大学出版社出版发行
出版人:陈晓阳
社址:重庆市沙坪坝区大学城西路21号
邮编:401331
电话:(023)88617190 88617185(中小学)
传真:(023)88617186 88617166
网址:http://www.cqup.com.cn
邮箱:fxk@cqup.com.cn(营销中心)
全国新华书店经销
重庆永驰印务有限公司印刷

*

开本:787mm×1092mm 1/16 印张:10.25 字数:213千
2010年9月第1版 2022年8月第4版 2025年1月第14次印刷
ISBN 978-7-5624-9543-7 定价:49.00元

前　言

　　随着中等职业教育改革的不断深入，以效果为导向的案例式教学已经迅速应用到实际教学过程中。根据教育部中等职业教育人才培养的目标要求，以新课程改革的教学思想为指导，按照当前计算机平面设计行业的用人需求，以及中等职业学校计算机类专业培养平面图形图像设计的初、中级技术人才的要求，本书将教学内容按"单元—案例—活动"的结构进行编写。

　　本书的特点：

　　（1）以活动为驱动，活动构成案例，力求以简明通俗和生动真实的案例介绍使用CorelDRAW X8进行平面图形图像设计的方法。

　　（2）以效果为导向，先看效果，然后制作，提高学生的学习兴趣，用到什么工具，就介绍该工具的使用方法，配以相关练习。案例的选择力求突出其代表性、典型性和实用性。

　　（3）案例设计灵活多样，技能要求明确，思政融入自然，创意融合恰当，能较好地培养学生的软件操作能力、审美能力和创作思路。在制作过程中，还考虑平面设计工作中最常用的技法和商业制作流程，以提高学生的学习兴趣和实际工作能力。

　　（4）为了更好地达到学以致用的目的，本教材的编写立足生活，所做即所见；立足市场，所做即所需；立足行业，所做即流程。这样有助于培养学生将理论知识运用于生活实际，能较快地适应市场需要，让学生一出校门就成为平面设计的熟手。

　　（5）为了方便教学，本书中所有案例、练习的全部素材、源文件及效果图都可在重庆大学出版社的资源网站

1

（www.cqup.com.cn）下载。

本书各模块的构成及功能如下：

【单元概述】概括说明本模块将要介绍的知识点和操作技能，以及学生应达到的目标。

【效果展示】突出效果为导向的案例式教学，给读者以直观印象。

【效果分析】简述本案例要完成的具体任务及涉及的操作技术。

【效果达成】提示完成本活动的具体步骤。

【知识准备】提示讲述本活动使用到的工具以及相关知识点。

【友情提示】提示快捷方式、使用技巧及注意事项。

【效果拓展】提示在案例结束后，让学生去思考、体会和实际操作。

本书由刘铁主编，崔亚强、陈佳、李晏军、张代英任副主编，参编老师还有余晓斌、陈昌玲、吴玉蓉。在本书的编写过程中得到了很多同行、专家的大力帮助与支持，编者在此一并表示感谢。

由于编者时间有限，书中难免有不足之处，敬请广大读者提出宝贵意见，以便不断改进和完善。

编　者

2021年12月

目 录

单元二　形状绘制与造型设计

单元三　文字效果与图文排版

单元四　位图编辑与滤镜特效

单元五　综合技术与市场运用

单元一

基本概念与快速入门

X8

单元概述

Core1DRAW是一个绘图与排版的软件，它广泛地应用于商标设计、插图描画、标志制作、模型绘制、排版等诸多领域。学习Core1DRAW软件的第一步就是了解基本概念和激发学习兴趣，所以本单元安排了三个简单的案例，让初学者用简单几步就可以完成一个实际的作品，使初学者快速获得小小的成就感，从而激发继续学习的兴趣。

学习完本单元后，你将能够：

⊕ 熟悉CorelDRAW X8的操作界面

⊕ 掌握文件的基本操作

⊕ 会使用常用工具箱工具

⊕ 理解矢量图、位图和RGB与CMYK色彩模式

案例一　制作垃圾分类

 效果展示

效果分析

垃圾分类可以提高垃圾的资源价值和经济价值，力争物尽其用，变废为宝，从而减少资源的消耗。为了更好地保护我们身边的环境，我们有必要了解垃圾分类标志，垃圾分类从我做起，今天我们就来绘制一个可回收物垃圾桶。这个"分类垃圾桶"是导入事先做好的CorelDRAW模板快速制作出来的，通过该练习，可以让学生通过使用CorelDRAW模板快速制图。

完成本案例，主要技能有：
◎能够导入模板辅助绘图。
◎能够为对象填充颜色。
◎会移动对象并调整大小。
◎会区分矢量图与位图。
◎会区分RGB与CMYK色彩模式。

本案例时间建议分配表

教师演示及讲解	学生操作	教师评价
累计1学时	累计2学时	累计1学时

2

效果达成

（1）运行CorelDRAW X8主程序，进入欢迎屏幕，单击新建文档，操作参考图1-1-1。打开"创建新文档"对话框，单击"确定"按钮，创建新文档，操作参考图1-1-2。

图1-1-1 　　　　　　　　　　　　　　　　　　图1-1-2

（2）单击属性栏上的"横向" 按钮，将页面调整为横向，参数设置参考图1-1-3。

图1-1-3

（3）单击"文件"/"导入"，操作参考图1-1-4。弹出"导入"对话框，选择"模板-分类垃圾桶"，操作参考图1-1-5。

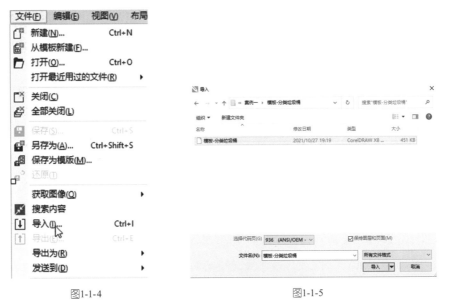

图1-1-4 　　　　　　　　　　　　　　　　　　图1-1-5

（4）双击打开文件"模板-分类垃圾桶"，效果参考图1-1-6，单击"文件"/"保存"，操作参考图1-1-7，弹出"保存绘图"对话框，保存为"分类垃圾桶.cdr"，操作参考图1-1-8。

图1-1-6 　　　　　　　　　　　　　　　　　图1-1-7

图1-1-8

（5）在导入的"分类垃圾桶"模板上单击右键，选择"取消所有组合对象"。选择工具箱中的"选择工具" ，单击垃圾桶外框，然后在窗口右边"默认CMYK调色板"中单击青色块，操作参考图1-1-9，将垃圾桶主要部分填充为天蓝色，效果参考图1-1-10。

友情提示

CorelDRAW中，图形的颜色分为两部分，一部分是填充的颜色，另一部分是轮廓的颜色，单击"默认CMYK调色板"的色块是填充的颜色，右击"默认CMYK调色板"的色块是轮廓的颜色。

（6）按照相同的方法，将垃圾桶盖阴影部分填充为蓝色，标签填充为白色，底部填充为黑色，效果参考图1-1-11。

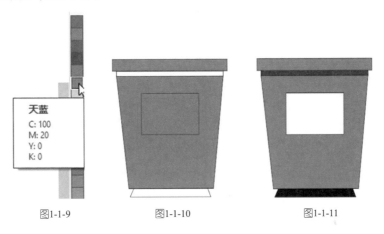

图1-1-9　　　　图1-1-10　　　　图1-1-11

 知识准备

"选择工具" 的使用方法：
◎按空格键可以快速切换到选择工具。
◎单击为选择对象，再次单击可进行旋转、缩放、倾斜等操作。
◎按Shift键并逐一单击对象，可以连续选择多个对象。

（7）再次使用"选择工具" ，单击选择箭头图案，拖动边框改变其大小，然后将合适大小的箭头移动到相应位置，完成垃圾桶正面图样，效果参考图1-1-12。

（8）参考以上步骤，将垃圾桶上的文字标语颜色填充为白色，将文字适当移动位置，调整大小，效果参考图1-1-13。

图1-1-12　　　　图1-1-13

知识准备

平面设计时经常会说到矢量图、位图和RGB与CMYK色彩模式,也是我们从事平面设计必须要搞清楚的概念。

1.矢量图

矢量图使用线段和曲线描述图像,同时图形也包含了色彩和位置信息。当你进行矢量图形的编辑时,定义的是描述图形形状的线段和曲线的属性,这些属性将被记录下来。

对矢量图形的操作,例如移动,重新定义尺寸,重新定义形状,或者改变矢量图形的色彩,都不会改变矢量图形的显示品质。矢量图形是"分辨率独立"的,这就是说,当显示或输出图像时,图像的品质不受设备的分辨率的影响,放大后的矢量图形不会受到影响。

局部放大

2.位图

位图使用我们称为像素的一格一格的小点来描述图像。计算机屏幕其实就是一张包含大量像素点的网格。在位图中,图像将会由每一个网格中的像素点的位置和色彩值来决定。每一点的色彩是固定的,当我们在更高分辨率下观看图像时,每一个小点看上去就像是一个个马赛克色块。

局部放大

当进行位图编辑时，其实是在一点一点地定义图像中的所有像素点的信息，而不是类似矢量图只需要定义图形的轮廓线段和曲线。因为一定尺寸的位图图像是在一定分辨率下被一点一点记录下来，所以这些位图图像的品质是和图像生成时采用的分辨率相关的。当图像放大后，会在图像边缘出现锯齿状马赛克色块。

简而言之，矢量图放大后，不会失真；位图放大到一定限度，会失真，会看到是一个个小方块（即像素点）。通常制作标志等线条图采用矢量图，色彩丰富的图片采用位图。CorelDRAW最强大的功能就是制作矢量图，当然也有一定的位图处理能力。

3.RGB与CMYK色彩模式

RGB模式是基于自然界中3种基色光的混合原理，将红（Red）、绿（Green）和蓝（Blue）3种基色按照从0（黑）到255（白色）的亮度值在每个色阶中分配，从而指定其色彩。当不同亮度的基色混合后，便会产生出256×256×256种颜色，约为1 670万种。例如，一种明亮的红色可能R值为246，G值为20，B值为50。当3种基色的亮度值相等时，产生灰色；当3种亮度值都是255时，产生纯白色；而当所有亮度值都是0时，产生纯黑色。当3种色光混合生成的颜色一般比原来的颜色亮度值高，所以RGB模式产生颜色的方法又称为色光加色法。

CMYK颜色模式是一种印刷模式，打印时大都采用此模式。其中4个字母分别指青（Cyan）、洋红（Magenta）、黄（Yellow）、黑（Black），在印刷中代表四种颜色的油墨。CMYK模式在本质上与RGB模式没有什么区别，只是产生色彩的原理不同，在RGB模式中由光源发出的色光混合生成颜色，而在CMYK模式中由光线照到有不同比例C、M、Y、K油墨的纸上，部分光谱被吸收后，反射到人眼的光产生颜色。由于C、M、Y、K在混合成色时，随着C、M、Y、K4种成分的增多，反射到人眼的光会越来越少，光线的亮度会越来越低，所有CMYK模式产生颜色的方法又被称为色光减色法。

RGB色彩模式是最基础的色彩模式，所以RGB色彩模式是一个重要的模式。只要是在计算机屏幕上显示的图像，就一定是RGB模式，因为显示器的物理结构就是遵循RGB的。RGB模式是一种发光的色彩模式，你在一间黑暗的房间内仍然可以看见屏幕上的内容；而CMYK是一种依靠反光的色彩模式，是由阳光或灯光照射到物体上，再反射到我们的眼中，才能看到物体。如果没有外界光源，你在黑暗的房间内是无法阅读报纸的。

效果拓展

案例中我们绘制了一个可回收物垃圾桶，我们还知道哪些垃圾分类标志呢？使用"拓展素材"文件夹中的CorelDRAW模板，绘制厨余垃圾桶、有害垃圾桶、其他垃圾桶等分类垃圾桶。

案例二　制作变形图案

效果展示

效果分析

在平面设计行业中，一个创意的好坏，直接决定了这个创意的价值。想象力对创意的产生具有极其重要的作用。这是一个简单图形通过变形操作得到的抽象图案，可以将它想象成花朵，也可以想象成一切你能想到的物体。

通过本案例，你可以发挥你的想象力，领略CorelDRAW软件强大的对象变形功能。

完成本案例，主要技能有：

◎能够使用多边形工具绘制复杂星形并填充颜色。

◎能够使用交互式变形工具改变对象形状。

◎能够使用交互式阴影工具制作阴影效果。

本案例时间建议分配表

教师演示及讲解	学生操作	教师评价
累计1学时	累计2学时	累计1学时

效果达成

（1）新建一个空白文档，单击"文件"/"另存为…"，操作参考图1-2-1，将其保存。命名为"变形图案.cdr"，操作参考图1-2-2。

微课

图1-2-1　　　　　　　　　　　　　　　　　　图1-2-2

（2）单击属性栏上的"纵向"  按钮，将页面调整为纵向，参数设置参考图1-2-3。

图1-2-3

（3）选择工具箱中"多边形工具" 中的复杂星形如图1-2-4，按住Ctrl键，在绘图区拖动鼠标，绘制一个复杂星形，效果参考图1-2-5。单击"默认CMYK调色板"中的红色块，将复杂星形填充成红色，效果参考图1-2-6。

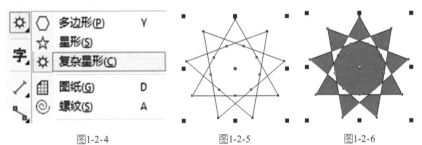

图1-2-4　　　　　　图1-2-5　　　　　　图1-2-6

友情提示

　　按住Ctrl键拖动鼠标，可绘制出正圆形或正方形。按住Shift键拖动鼠标，可绘制出以鼠标单击点为中心的图形。按住Ctrl+Shift键后拖动鼠标，则可绘制出以鼠标单击点为中心的正圆形或正方形。

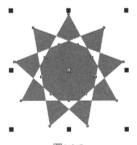

（4）右击"默认CMYK调色板"中最顶端的无色标志 ，将正圆的轮廓去掉，效果参考图1-2-7。

图1-2-7

9

友情提示

单击"默认CMYK调色板"中的色块,是填充颜色。右击"默认CMYK调色板"中的色块是轮廓的颜色。

(5)选择工具箱中交互式工具组中的"变形"工具,操作参考图1-2-8。在属性栏上选择"推拉变形" ，操作参考图1-2-9。

图1-2-8   图1-2-9

友情提示

工具箱中有些工具的右下角带有黑色小三角符号,表示该工具还有其他隐藏的工具,用鼠标按住该工具即可显示出相关的隐藏工具。

(6)在复杂星形的中心处单击并向左拖动鼠标,出现图1-2-10所示的图形时松开鼠标,效果参考图1-2-11。

图1-2-10   图1-2-11

(7)选择"交互式工具组"中"阴影工具",操作参考图1-2-12。然后在图案中间单击并向右下角拖动鼠标至图1-2-13所示位置时松开,使图案产生阴影,最终效果参考图1-2-14。

图1-2-12　　　　　　　　图1-2-13　　　　　　　　图1-2-14

 知识准备

交互式阴影工具 🖳：可以快速地为对象添加阴影效果。在为对象添加阴影效果时，可以更改透视并调整属性，如颜色、不透明度、淡出级别、角度和羽化等。

交互式阴影工具属性栏如下图所示：

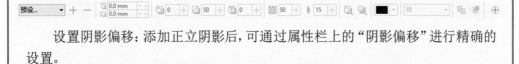

设置阴影偏移：添加正立阴影后，可通过属性栏上的"阴影偏移"进行精确的设置。

预设列表：在属性栏的"预设列表"中可以选择预设的阴影样式。

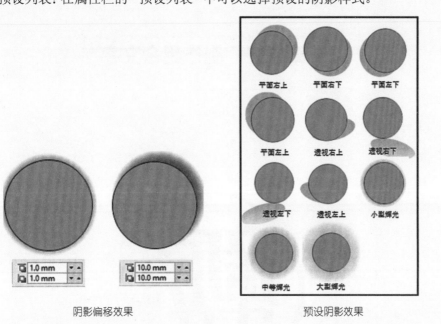

阴影偏移效果　　　　　　　　　预设阴影效果

效果拓展

制作变形图案

效果描述

发挥想象力,把简单图形变形成不一样的效果,尝试绘制下面的变形图案。

技能提示

绘制星形、正五边形等形状,发挥想象力,利用交互式变形工具的拉链、推拉和扭曲等功能改变对象形状。

案例三　制作组合文字

效果展示

效果分析

简简单单的笔画，构成了丰富的汉字。汉字以其独特的魅力，成为中华文明的载体和基础，以及世界文明宝库中独一无二的艺术瑰宝。独特的汉字，是华夏文明作为世界文明体系中唯一没有间断而延续至今的重要原因之一。

在实际应用中，经常会使用文字的拆分、修整、重组技巧，变成一种全新的组合效果，这种新的组合效果被广泛地应用于各种主题文字中。

本案例制作组合字效果，主要是为了让大家领会CorelDRAW强大的对象拆分重组功能。

完成本案例，主要技能有：

◎能够使用文本工具进行简单的文字录入。

◎能够将文字改变成形状。

◎能够灵活使用形状工具对形状进行调整。

本案例时间建议分配表

教师演示及讲解	学生操作	教师评价
累计1学时	累计2学时	累计1学时

效果达成

（1）新建一个空白文档，将其保存，命名为"新年快乐.cdr"。

（2）单击属性栏上的"横向" ▯▭ 按钮，将页面调整为横向，参数设置参考图1-3-1。

图1-3-1

（3）选择工具箱中的"文本工具" 字，然后在工作区合适位置单击鼠标，即可从单击的位置输入文字"新年快乐"。将文字全部选中，在属性栏的字体列表框中，选择字体为"站酷高端黑"，在字体尺寸列表框中设置尺寸为"300 pt"，参数设置参考图1-3-2，效果参考图1-3-3。

图1-3-2

新 年 快 乐

图1-3-3

（4）单击"对象"/"拆分美术字"命令，或者按快捷键Ctrl+K，拆分为单个的汉字，操作参考图1-3-4。

（5）选中"新"字，单击"对象"/"转换为曲线"，将文字变成形状，操作参考图1-3-5，按照相同的方法将剩余的文字转换为曲线。

图1-3-4   图1-3-5

因为要对每一个字进行形状调整，所以要先拆分，再转换为曲线，如果没有拆分就直接转换为曲线，就无法对每一个字进行调整。

（6）使用"选择工具" ⟨⟩改变字的位置，再使用 "形状工具" ⟨⟩，对"新""快"转换为曲线后的节点进行调整（可以在按住Shift键的同时选中多个节点进行调整），效果参考图1-3-6，按照同样的方法移动和调节剩余部分，效果参考图1-3-7。

图1-3-6   图1-3-7

（7）继续使用"选择工具" ⟨⟩调整"年""乐"的位置，效果参考图1-3-8。再使用"形状工具" ⟨⟩对节点进行调整，效果参考图1-3-9。

图1-3-8   图1-3-9

（8）再次利用"文本工具" 字 ，分别输入"HAPPY""NEW""YEAR"。将文字全部选中，在属性栏的字体列表框中，选择字体为"Microsoft YaHei UI"，在字体尺寸列表框中设置尺寸为"27pt"，也可根据实际效果调整尺寸大小。参数设置参考图1-3-10。再次调整位置并组合。效果参考图1-3-11。

图1-3-10

图1-3-11

（9）使用"椭圆形工具" ○ 。按住Ctrl键在空白处绘制一个正圆，单击工具栏上方的"弧"，使用"艺术笔工具"调整预设笔触及笔触宽度。参数设置参考图1-3-12。并将其填充为红色。

图1-3-12

（10）最后将字体填充为红色，进行大小、比例、倾斜及旋转的调整。最终的效果参考图1-3-13。

图1-3-13

效果拓展

　　使用文本工具、形状工具、选择工具,发挥想象力,制作组合字"花好月圆",效果参考下图。

"基本概念与快速入门"评价参考表

内　容		标准/分	自评20%	他评20%	师评60%	得分
能力目标	评价项目					
导入模板	导入自建模板新建文件	10				
文件的基本操作	文件的新建与保存	10				
页面设置	横向、纵向及尺寸大小	10				

续表

内 容		标准/分	自评20%	他评20%	师评60%	得分
能力目标	评价项目					
简单图形的绘制	简单几何图形的绘制	10				
	交互式工具的使用	10	·			
对象的拆分组合	挑选工具的使用（移动、缩放及旋转）	10				
	文本工具的使用	10				
	图形的拆分组合	10				
基本概念的理解	矢量图、位图的理解	10				
	RGB与CMYK色彩模式的理解	10				

单元二

形状绘制与造型设计

X8

单元概述

　　在Core1DRAW X8中，经常使用矩形工具、椭圆形工具、贝塞尔工具等工具来绘制图形，使用形状工具调整节点来改变形状，使用交互式工具来添加特殊效果。本单元将对这些常用工具进行介绍，在实际操作中熟练运用这些工具，帮助我们绘制各种图形。

学习完本单元后，你将能够：

⊕ 掌握矩形工具、椭圆形工具、贝塞尔工具等工具绘制图形的方法

⊕ 掌握形状工具编辑对象的方法

⊕ 掌握交互式填充工具的使用方法

⊕ 掌握交互式工具组(阴影工具、调和工具等)的使用方法

⊕ 掌握度量工具标注数据的方法

案例一 制作环保标志

 效果展示

 效果分析

　　环保标志是一种倡导环境保护或者证明其产品是否符合质量标准和环保要求的特定标志，通常由线条、形状组成的图形来表示。CorelDRAW X8的强大功能之一就是对线条、形状的处理，本案例是通过绘制一系列环保标志来达到熟练运用常用基本工具的目的，在绘制这些标志的同时，增强大家的环保意识。

　　完成本案例，主要技能有：

◎能够使用椭圆形工具绘制圆形。

◎能够使用贝塞尔工具绘制曲线。

◎能够使用多边形工具绘制水滴形。

◎能够使用形状工具调整节点。

◎能够正确设置填充色和轮廓色。

本案例时间建议分配表

教师演示及讲解	学生操作	教师评价
累计1学时	累计4学时	累计1学时

效果达成

微课

活动一　绘制节约用水标志

（1）新建一个空白文档，将其保存，命名为"节约用水.cdr"。

（2）选择工具箱中的"椭圆形工具" ⬭，按住Ctrl键，在绘图区绘制一个大小为200 mm ⬚ 200.0 mm 200.0 mm 的正圆形，填充为绿色，无轮廓色，效果参考图2-1-1。

（3）选择"多边形工具"中的"基本形状"，操作参考图2-1-2，在属性栏中，选择"水滴形状"，操作参考图2-1-3，绘制大小为此参数 ⬚ 45.0 mm 70.0 mm 的水滴，水滴填充为白色，无轮廓色，效果参考图2-1-4。

图2-1-1

图2-1-2

图2-1-3

图2-1-4

（4）选择工具箱中的"贝塞尔工具" ✐，在绘图区单击一下，确定第一个点，然后移动鼠标到右方单击并按住鼠标，向右上方拖动，画出一根向下的曲线，效果参考图2-1-5。在下一个节点继续绘制曲线，直到完成整个手的形状，效果参考图2-1-6。

（5）将封闭的曲线填充为白色，完成节水标志的绘制，效果参考图2-1-7。

我国的"节水标志"既是节水的宣传形象标志，同时也是节水型用水器具的标识。我们都要有节约用水的意识，并在生活中践行。

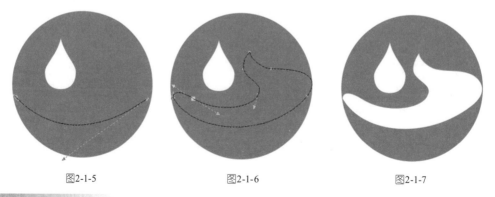

图2-1-5　　　　　　　　　图2-1-6　　　　　　　　　图2-1-7

（6）单击"对象"/"组合"/"组合对象"命令，操作参考图2-1-8。

图2-1-8

友情提示

（1）为了方便对全部对象进行移动、缩放等操作，通常我们会按快捷键Ctrl+G将所有对象进行组合，如果需要再次对某一部分进行修改，我们按快捷键Ctrl+U可以取消组合对象。

（2）节水标志设计理念：由水滴、人手和地球变形而成，绿色的圆形代表地球，象征节约用水是保护地球生态的重要措施；白色部分像一只手托起一滴水，象征人人动手节约每一滴水；节约用水，从我做起。

知识准备

> 贝塞尔工具
> ◎绘制直线：在起点处单击，松开鼠标，移至下一个点单击。按住Ctrl键可绘制水平方向、45°方向和垂直方向上的直线。
> ◎绘制曲线：单击第一个点，再单击下一个点时，按住鼠标拖动。向左拖动，则曲线向右弯曲，向右拖动，则曲线向左弯曲，向上拖动，则曲线向下弯曲，向下拖动，则曲线向上弯曲。
> ◎按回车键，结束操作。

21

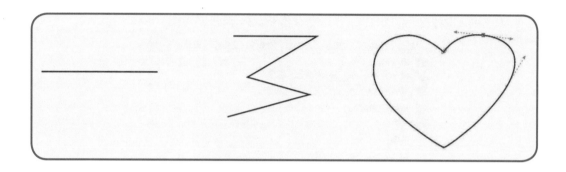

活动二 绘制绿色食品标志

（1）新建一个空白文档，将其保存，命名为"绿色食品.cdr"。

（2）选择工具箱中的"椭圆形工具" ◻，轮廓宽度为0.5 mm，按住Ctrl键，在合适位置拖动，画出一个大小为200 mm的正圆形，效果参考图2-1-9，按快捷键Ctrl+D复制圆形，得到圆形副本待用，效果参考图2-1-10。

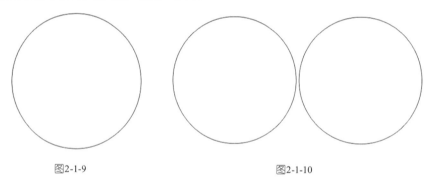

图2-1-9   图2-1-10

（3）为了改变圆形形状，就必须先转换为曲线，按快捷键Ctrl+Q，出现节点后，在属性栏中，将圆形的左、右、下3个节点设置为尖突 ，效果参考图2-1-11，调节曲线，效果参考图2-1-12。

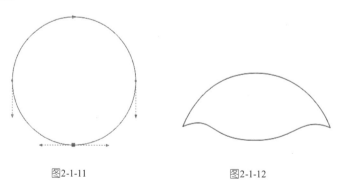

图2-1-11   图2-1-12

（4）选择圆形副本，移动到两个圆重合的位置，按照刚才的方法绘制下半部分，先转换为曲线，将上、左、右3个节点设置为尖突，操作参考图2-1-13，调节曲线，效果参考图2-1-14。

（5）在下部分图形的中间，绘制如此参数 ⎢30.0 mm ⎢60.0 mm 的椭圆，按照相同的方法将椭圆调整为水滴形状，效果参考图2-1-15。

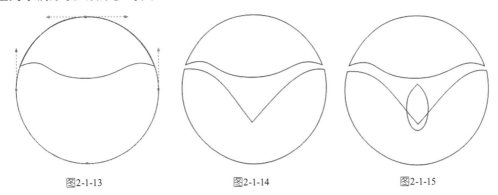

图2-1-13　　　　　　　　　图2-1-14　　　　　　　　　图2-1-15

（6）使用"选择工具" ▮ 选择下半部分，按Ctrl+C(复制)和Ctrl+V(粘贴)，缩小比例，调整位置，再用形状工具调整形状，效果参考图2-1-16，先选复制变小的这个形状，按住Shift键，再选大的形状，单击属性栏中的"修剪" ▯ ▯ ▯ ▯ ▯ ▯ ▯ 按钮(效果是用先选的图形剪去后选的图形)，按照相同的方法处理上半部分，效果参考图2-1-17。所有的图形填充为绿色，效果参考图2-1-18。

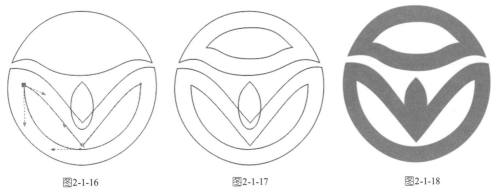

图2-1-16　　　　　　　　　图2-1-17　　　　　　　　　图2-1-18

（7）单击"对象"→"组合"→"组合对象"命令，将全部对象进行组合。

友情提示

　　绿色食品并非指颜色是绿色的食品，而是对无污染的、安全的、优质的、营养类食品的总称。1990年5月，中国农业部正式规定了绿色食品的名称、标准及标志。良好的环境质量是绿色食品生产的最基本条件，我们都应尽力保护生态环境。

　　绿色食品标志设计理念：图案的上方寓意为太阳，下方寓意为叶片，中心寓意为蓓蕾。整体标志寓意为绿色食品是出自优良生态环境的安全无污染食品，并提醒人们要保护环境。

知识准备

形状工具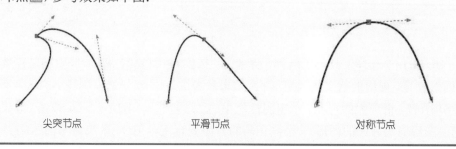

曲线主要由节点构成,使用形状工具可以对节点进行编辑,就可以实现对曲线的编辑,选择形状工具,单击要编辑的曲线,属性栏如下图所示:

CorelDRAW X8中提供了3种节点类型,分别为尖突节点 、平滑节点 和对称节点 ,参考效果如下图:

尖突节点   平滑节点   对称节点

活动三　绘制无公害农产品标志

微课

(1)新建一个空白文档,将其保存,命名为"无公害农产品.cdr"。

(2)选择工具箱中"椭圆形工具" ,按住Ctrl键,在绘图区拖动鼠标,绘制一个大小为200 mm 的正圆形,在属性栏中,将线条的轮廓宽度设置为1.5 mm ,轮廓色设为绿色,效果参考图2-1-19。

(3)将圆复制一个,并缩小到128 mm大小 ,放置在大圆的中心,填充为绿色。效果参考图2-1-20。

(4)再将大圆复制一次,在属性栏中,设置为弧形 ,调整好合适的位置和轮廓的大小,效果参考图2-1-21。

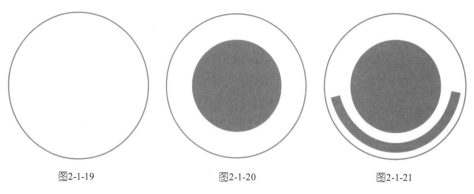

图2-1-19   图2-1-20   图2-1-21

（5）选择"多边形工具"中的箭头形状，在属性栏中选择合适的箭头，操作参考图2-1-22。

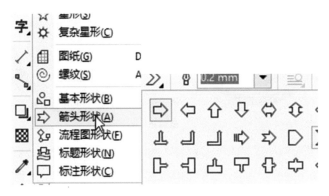

图2-1-22

（6）按快捷键"Ctrl+Q"，将绘制好的箭头形状转换为曲线，调整大小和位置，并填充为橘红色，效果参考图2-1-23。

（7）选择工具箱中的"椭圆形工具" ⬭，绘制一个椭圆，旋转角度，按Ctrl+Q转换为曲线，调节形状为麦穗形状，填充为橘红色，复制多个，进行排列，效果参考图2-1-24。

（8）选择工具箱中的"贝塞尔工具" ✐，在麦穗形状上方绘制4条竖线，将轮廓色设为橘红色，中间两条竖线轮廓大小为2 mm，长度为28 mm，两侧竖线轮廓大小为1.5 mm，长度为24 mm，效果参考图2-1-25。

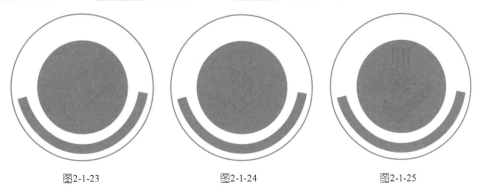

图2-1-23　　　　　　　　图2-1-24　　　　　　　　图2-1-25

（9）将大圆再复制一次，缩小到150mm，与大圆中心对齐。选择工具箱中的"文本工具" 字，鼠标的光标在圆的轮廓上单击，操作参考图2-1-26。输入文字"无公害农产品"，文字将会沿着圆形排列，效果参考图2-1-27。

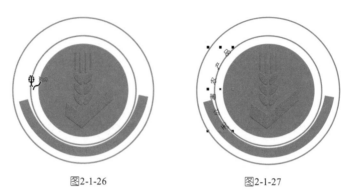

图2-1-26　　　　　　　　　　　　　图2-1-27

（10）单击"文本"/"使文本适合路径"选项，操作参考图2-1-28。设置文字字体和字号为"幼圆"、50 pt ［幼圆 ▼］［50 pt ▼］，将文字颜色设为绿色，调整好文字后，再将该圆的轮廓色设置为无，效果参考图2-1-29。

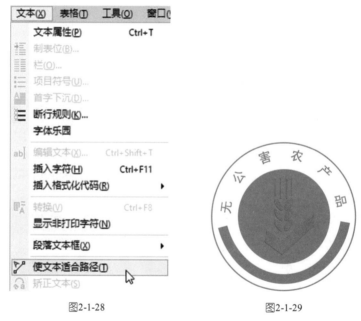

图2-1-28　　　　　　　　　　　　　图2-1-29

（11）单击"对象"/"组合"/"组合对象"命令，将全部对象进行组合。

　　无公害农产品指的是产地环境、生产过程和产品质量符合国家有关标准和规范的要求，经认证合格获得认证证书并允许使用无公害农产品标志的未经加工或者初加工的食用农产品。农产品质量安全关系到广大人民的身体健康，我们要增强环境保护的意识，为环境保护尽自己的义务。

　　无公害农产品标志设计理念：图案主要由麦穗、对勾和无公害农产品的字样组成，其中麦穗代表农产品，对勾表示合格，金色寓意着成熟和丰收，绿色象征着环保和安全。

効果拓展

生活中还有大量的常见环境标志，参照本案例的绘制方法，使用椭圆形工具、贝塞尔工具、形状工具等工具绘制以下环境标志。

可回收物　　　　　　　其他垃圾　　　　　　　厨余垃圾

有害垃圾　　　　　　　森林认证　　　　　　　节能减排

案例二　制作企业标志

効果展示

效果分析

　　CorelDRAW X8的重要用途之一就是绘制LOGO,本案例是通过绘制一系列企业标志,来熟悉各种常用工具的使用,体会CorelDRAW在标志制作上的应用。本案例仅仅是讲解图形绘制方法与技巧,如果是LOGO的设计,还需要大量的文化背景作为支撑,是一种综合素养的展现。

　　完成本案例,主要技能有:

◎能够灵活选择工具绘制几何图形。

◎能够进行对象的修剪、合并及形状调整。

◎能够调整对象的排列顺序。

本案例时间建议分配表

教师演示及讲解	学生操作	教师评价
累计1学时	累计4学时	累计1学时

效果达成

活动一　绘制五菱汽车标志

　　(1)新建一个空白文档,将其保存,命名为"五菱车标.cdr"。

　　(2)选择工具箱中的"多边形工具" ⬡ ,在属性栏上将"多边形的边数"设为3,在绘图区绘制一个三角形,参数设置参考图2-2-1,效果参考图2-2-2。

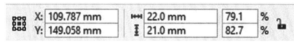

图2-2-1

　　(3)按空格键,快速切换到"选择工具" ▚ ,再次单击,使三角形四周出现双箭头状态,效果参考图2-2-3;单击三角形的中心点,将三角形的中心点移动到底边的中点上,效果参考图2-2-4。

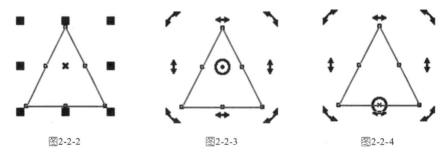

图2-2-2　　　　　　　图2-2-3　　　　　　　图2-2-4

（4）复制出一个三角形，在属性栏上，将"旋转角度"设为"180.0°"，按回车键，效果参考图2-2-5；选择两个三角形，效果参考图2-2-6；单击属性栏上"合并"按钮，合并成菱形效果，效果参考图2-2-7。

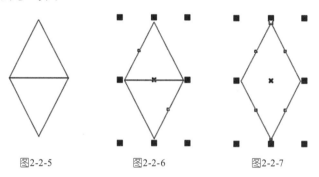

图2-2-5   图2-2-6   图2-2-7

（5）复制出一个菱形，在属性栏上，将"旋转角度"变为"60.0°"，按回车键，效果参考图2-2-8；将鼠标移到图形上边，当光标变成十字箭头时，单击并向左拖动，效果参考图2-2-9；单击复制的图形，按住鼠标右键不放，水平向上拖动，在合适位置松开鼠标右键，弹出快捷菜单，选择"复制"，得到一个相同的图形，效果参考图2-2-10。

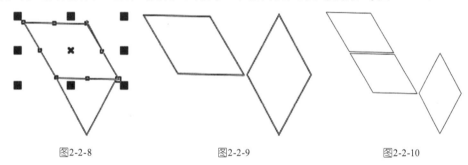

图2-2-8   图2-2-9   图2-2-10

（6）选择两个菱形，复制出两个菱形，效果参考图2-2-11；单击属性栏上"水平镜像"按钮，效果参考图2-2-12；将鼠标移到图形上边，当光标变成十字箭头形状时，单击并向右拖动，效果参考图2-2-13。

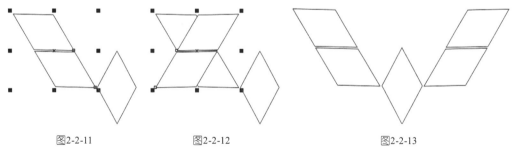

图2-2-11   图2-2-12   图2-2-13

（7）选择这5个图形，填充成红色，效果参考图2-2-14。如果觉得轮廓色比较突兀，可以右击"默认CMYK调色板"的无色块，去掉轮廓色，效果参考图2-2-15。

图2-2-14   图2-2-15

（8）选择全部对象，单击属性栏上"组合对象"按钮 ![组合对象图标]，完成对象的群组。

五菱汽车标志设计理念：该标志由五个鲜红的菱形组成，形似鲲鹏展翅，雄鹰翱翔。有上升、腾举之势，象征着五菱的事业不断发展。

活动二　绘制中国航天标志

（1）新建一个空白文档，将其保存，命名为"中国航天.cdr"。

（2）选择工具箱中"椭圆形工具" ![椭圆形工具图标]，按住Ctrl键，在绘图区绘制一个正圆形，参数设置参考图2-2-16，效果参考图2-2-17。

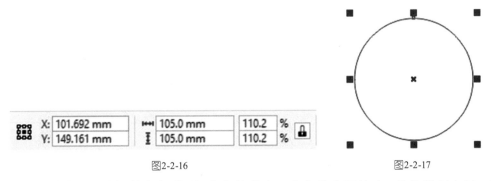

图2-2-16   图2-2-17

（3）按住Shift键，将鼠标移到4个角的其中一个角的小黑块上，按住鼠标左键，光标变成十字箭头形状时，向内拖动，在合适位置按下鼠标右键，再松开鼠标左键，快速复制出一个同心较小的正圆，参数设置参考图2-2-18，效果参考图2-2-19，按同样的方法再复制一个同心较小的正圆，参数设置参考图2-2-20，效果参考图2-2-21。

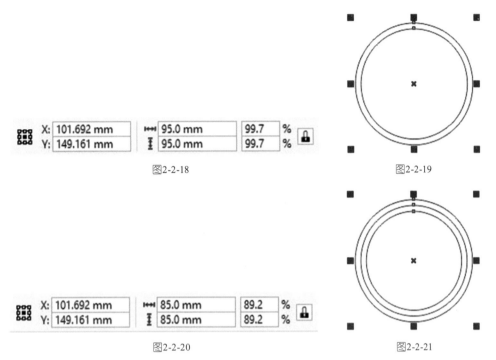

图2-2-18　　　　　　　　　　　　　　　图2-2-19

图2-2-20　　　　　　　　　　　　　　　图2-2-21

（4）选择这3个同心圆，设置轮廓宽度，参数设置参考图2-2-22，轮廓色设为天蓝色，效果参考图2-2-23。

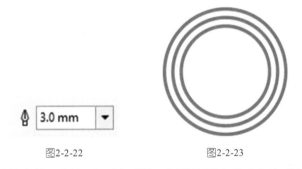

图2-2-22　　　　　　　　　　　图2-2-23

（5）选择工具箱中的"多边形工具" ⬡，在属性栏上将"多边形的边数"设为3，在绘图区绘制一个三角形，参数设置参考图2-2-24，效果参考图2-2-25。

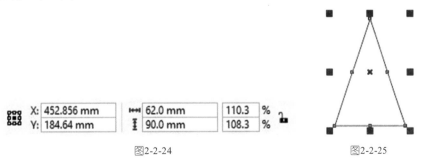

图2-2-24　　　　　　　　　　　　图2-2-25

31

（6）将鼠标移到三角形的顶部的小黑块上，按住鼠标左键，光标变成双箭头形状时，向内拖动，在合适位置按下鼠标右键，再松开鼠标左键，快速复制出一个三角形，参数设置参考图2-2-26，效果参考图2-2-27。

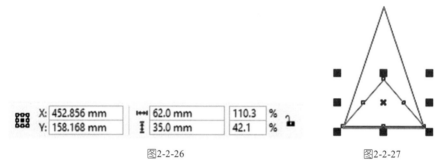

图2-2-26　　　　　　　　　　　　　图2-2-27

（7）先选小三角形，再选大三角形，单击"对齐与分布"／"底端对齐"，效果参考图2-2-28，单击属性栏上"修剪"按钮，再选择里面的小三角形，单击Delete键删除，效果参考图2-2-29。选择这个图形，颜色填充为天蓝色，效果参考图2-2-30。右击"默认CMYK调色板"的无色块，去掉轮廓色，效果参考图2-2-31。

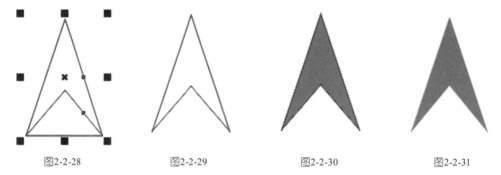

图2-2-28　　　　图2-2-29　　　　图2-2-30　　　　图2-2-31

（8）选择这个图形，调整大小、位置，将其放于三个同心圆上，效果参考图2-2-32，选择全部图形，单击"对齐与分布"／"水平居中对齐"和"垂直居中对齐"，效果参考图2-2-33。

图2-2-32　　　　　　　　　　图2-2-33

（9）选择工具箱中的"文本工具"，在绘图区空白处单击，输入大写英文字母

"CASC"，在属性栏上，将"字体"设为Arial，"字号"设为36pt，"颜色"设为天蓝色，参数设置参考图2-2-34，效果参考图2-2-35。

（10）使用对齐工具，将文本和其他形状居中对齐，效果参考图2-2-36。

图2-2-34   图2-2-35   图2-2-36

（11）选择全部对象，单击属性栏上"组合对象"按钮，完成对象的群组。

友情提示

中国航天标志设计理念：该标志由三个同心圆、箭头、"CASC"组成，3个同心圆象征三级宇宙速度，箭头象征航天产品冲天而起。"CASC"为"中国航天科技集团有限公司"英文名称缩写，整体风格寓意航天科工及全体员工良好的精神风貌。

活动三　绘制中国银行标志

（1）新建一个空白文档，将其保存，命名为"中国银行.cdr"。

（2）选择工具箱中"椭圆形工具"，按住Ctrl键，在绘图区绘制一个正圆形，参数设置参考图2-2-37，效果参考图2-2-38。

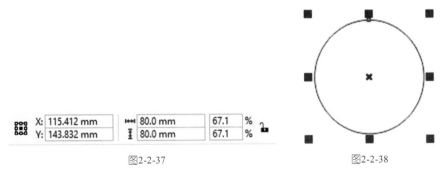

图2-2-37   图2-2-38

（3）按住Shift键，将鼠标移到4个角的其中一个角的小黑块上，按住鼠标左键，光标变成十字箭头形状时，向内拖动，在合适位置按下鼠标右键，再松开鼠标左键，快速复制出一个同心较小的正圆，参数设置参考图2-2-39，效果参考图2-2-40。

（4）先选小圆，再选大圆，单击属性栏上"修剪"按钮，再选择里面的小圆形，单击Delete键删除，得到一个圆形环，效果参考图2-2-41。

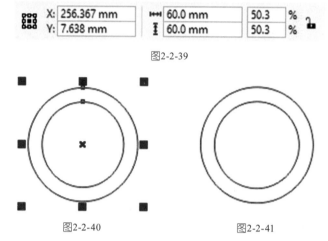

图2-2-39

图2-2-40   图2-2-41

（5）选择工具箱中"矩形工具"，在绘图区绘制一个矩形，参数设置参考图2-2-42，效果参考图2-2-43。

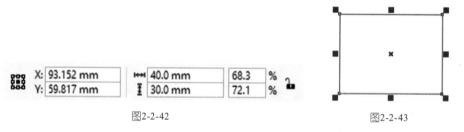

图2-2-42   图2-2-43

（6）选择矩形，在属性栏上单击"圆角"按钮，将"转角半径"设为5.00mm，参数设置参考图2-2-44，效果参考图2-2-45。

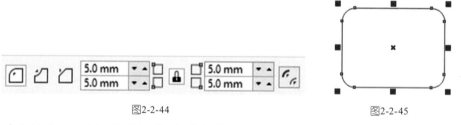

图2-2-44   图2-2-45

（7）按住Shift键，将鼠标移到4个角的其中一个角的小黑块上，按住鼠标左键，光标变成十字箭头形状时，向内拖动，在合适位置按下鼠标右键，再松开鼠标左键，快速复制出一个同心较小的圆角矩形，参数设置参考图2-2-46，效果参考图2-2-47。

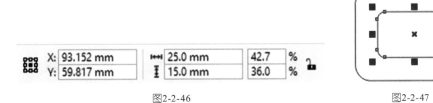

	X: 93.152 mm	↔ 25.0 mm	42.7 %
	Y: 59.817 mm	↕ 15.0 mm	36.0 %

图2-2-46

图2-2-47

（8）先选小矩形，再选大矩形，单击属性栏上"修剪"按钮，再选择里面的小矩形，单击Delete键删除，得到一个矩形环，效果参考图2-2-48。

（9）选择圆形环和矩形环，单击"对齐与分布"／"水平居中对齐"和"垂直居中对齐"，效果参考图2-2-49。

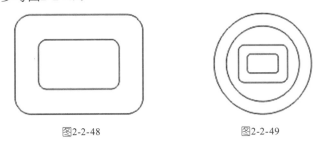

图2-2-48

图2-2-49

（10）选择工具箱中"矩形工具"，在绘图区绘制一个矩形，参数设置参考图2-2-50，效果参考图2-2-51。

	X: 105.451 mm	↔ 7.5 mm	127.2 %
	Y: 188.033 mm	↕ 22.0 mm	97.8 %

图2-2-50

图2-2-51

（11）选择全部图形，单击"对齐与分布"／"水平居中对齐"，效果参考图2-2-52。

（12）选择矩形，按住鼠标左键，按住Shift键，垂直向下拖动，在合适位置按下鼠标右键，再松开鼠标左键，快速复制出一个矩形，效果参考图2-2-53。

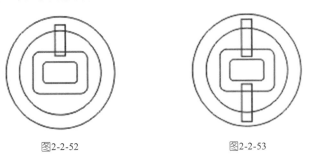

图2-2-52

图2-2-53

35

（13）选择全部图形，单击属性栏上"合并"按钮，效果参考图2-2-54；填充颜色，参数设置参考图2-2-55，效果参考图2-2-56；右击 "默认CMYK调色板"的无色块，去掉轮廓色，效果参考图2-2-57。

图2-2-54   图2-2-55   图2-2-56   图2-2-57

友情提示

中国银行标志设计理念：该标志主要是以中国古钱与"中"字为基本形状，中间是个方孔，上下加垂直线，从而成为一个"中"字形状。寓意为天方地圆，经济为本，给人的感觉是简洁、稳重、易识别，寓意深刻，颇具中国风格。

效果拓展

参照本案例的操作方法，绘制以下企业标志。

中国农业银行   长安   中国红十字基金会

中国工商银行   小鹏   重庆建工

案例三 制作卡通人物

效果展示

效果分析

　　本案例要制作的卡通人物是可爱的小老虎,它特别喜欢传统文化,还会中国功夫。通过此案例的制作,从而学习钢笔工具、形状工具、椭圆形工具、填充工具等工具的使用。

　　完成本案例,主要技能有:

◎能够使用钢笔工具绘制曲线。

◎能够使用形状工具调整曲线。

◎能够使用填充工具填充颜色。

本案例时间建议分配表

教师演示及讲解	学生操作	教师评价
累计1学时	累计4学时	累计1学时

效果达成

活动一 绘制卡通人物的头部

（1）新建一个空白文档，将其保存，命名为"小老虎.cdr"。

（2）选择工具箱中的"椭圆形工具"○，绘制一个圆形，按快捷键Ctrl+Q转换为曲线，使用"形状工具"⬚进行调节，得到小老虎的脸部，使用填充工具填充颜色为（CMYK: 13, 36, 93, 0），效果参考图2-3-1。

（3）继续使用"椭圆形工具"○，在绘图区绘制出一个小圆，填充颜色为（CMYK: 13, 36, 93, 0），将小圆复制一份并缩小，填充颜色为（CMYK: 57, 76, 91, 32），得到小老虎的一只耳朵，再复制一只耳朵，将两只耳朵置于脸部形状后面，调整好位置，效果参考图2-3-2。

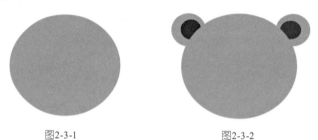

图2-3-1   图2-3-2

（4）使用"椭圆形工具"○，绘制出小老虎的眼睛，眼球填充颜色为黑色，眼球的高光部分填充为白色，效果参考图2-3-3。使用"钢笔工具"✎，绘制其嘴部的形状，填充为白色，鼻子填充为黑色，鼻子的高光部分填充为白色，效果参考图2-3-4。

图2-3-3   图2-3-4

"钢笔工具"✎，其用法与"贝塞尔工具"✐相似，不同的是，钢笔工具可以在绘制好的曲线或直线上添加或删除节点，绘制好的形状，均使用"形状工具"⬚进行调整。

（5）选择工具箱中的"钢笔工具" ，绘制小老虎头上的"王"字纹理，使用"形状工具" 稍作调节，填充为黑色，效果参考图2-3-5。使用"椭圆形工具" ，绘制小老虎脸上的小腮红，填充颜色为（CMYK：0，40，20，0），效果参考图2-3-6。

（6）使用"钢笔工具" ，绘制小老虎脸颊两边的纹理，填充为黑色，组合所有对象。这样卡通人物小老虎的头部就绘制好了，虎虎生威，又不失可爱，效果参考图2-3-7。

图2-3-5　　　　　　　　　图2-3-6　　　　　　　　　图2-3-7

活动二　绘制卡通人物的身体

（1）使用"钢笔工具" ，绘制小老虎的衣服和手部封闭路径，效果参考图2-3-8，衣服填充颜色为（CMYK：0，100，100，0），手填充颜色为（CMYK：13，36，93，0），效果参考图2-3-9。

图2-3-8　　　　　　　　　　　　　　　图2-3-9

（2）继续使用"钢笔工具" ，绘制小老虎的中国风服装细节部分，将袖口、下摆边沿、门襟以及盘扣，填充颜色为（CMYK：11，7，93，0），扣子填充为白色，效果参考图2-3-10。以同样的方法，绘制裤子和脚的部分，效果参考图2-3-11。

图2-3-10   图2-3-11

（3）绘制小老虎的尾巴，同样使用"钢笔工具" ，尾巴填充颜色为（CMYK：13，36，93，0），尾巴上的纹理填充为黑色。组合所有对象，小老虎绘制完成，参考效果图2-3-12。

图2-3-12

效果拓展

绘制北京奥运会吉祥物福娃"晶晶"

效果描述

福娃是2008年北京奥运会的吉祥物，设计者是清华大学韩美林教授。用了5个拟人化的娃娃，把动物和人的形象完美结合，强调了以人为本、人与动物、自然界和谐相处的天人合一的理念，应用中国传统艺术的表现方式，展现中国文化的博大精深。请使用椭圆形工具、形状工具、选择工具等工具，绘制福娃"晶晶"，效果参考下图。

技能提示

用"钢笔工具" 📎 绘制熊猫的头部、外轮廓和身体等形状,用"椭圆形工具" ⃝ 绘制眼睛、鼻子,用"钢笔工具"将头部和身体轮廓勾画出来,用"形状工具" 🖰 进行形状调整,最后上色。

案例四 制作人像插画

效果展示

效果分析

　　"插画"就是人们平常所看的报纸、杂志或儿童读物的文字间所插入的图画。插画以其独特的表现形式,在不同的领域发挥着重要的作用。本案例将使用矩形工具、椭圆形工具、钢笔工具、形状工具、多边形工具等绘制一幅"白衣天使"插画,"白衣天使"逆行冲锋、抗击疫情,他们这种不怕牺牲、勇于担当、甘于奉献的伟大职业精神,激励着全国人民战胜疫情。在绘制本案例的同时,我们心系抗疫,向所有奋战在"疫情防控"一线的工作人员致敬!

　　完成本案例,主要技能有:

　　◎能够使用多边形工具绘制形状。

　　◎能够对形状进行镜像操作。

　　◎能够使用渐变填充工具填充渐变色。

本案例时间建议分配表

教师演示及讲解	学生操作	教师评价
累计1学时	累计2学时	累计1学时

效果达成

活动一　背景的绘制

　　(1) 新建一个空白文档,将其保存,命名为"插画.cdr"。

微课

　　(2) 选择工具箱中的"矩形工具" ▢,按住Ctrl键,在绘图区绘制一个矩形。在属性栏上,将"宽"设为210 mm,"高"设为260 mm,参数设置参考图2-4-1。

图2-4-1

　　(3) 选择工具箱中"交互式填充工具" ◈,在属性栏上,将填充类型设置为"渐变填充/线性渐变填充",参数设置参考图2-4-2。

图2-4-2

　　(4) 在右侧"对象属性"窗口中,设置渐变色,单击起始色块,设置颜色为粉红(CMYK: 0, 80, 40, 0),再单击结束色块,设置颜色为淡红(CMYK: 0, 40, 20, 0),"旋转角度"设为"90.0°"。参数设置参考图2-4-3和图2-4-4,效果参考图2-4-5。

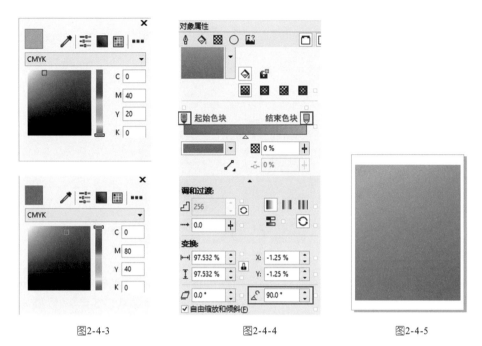

图2-4-3　　　　　　　　图2-4-4　　　　　　　　图2-4-5

（5）选择工具箱中的"多边形工具"，在属性栏上，选择"基本形状/心形"，操作参考图2-4-6，在绘图区绘制一个爱心形状，将"宽"设为202 mm，"高"设为189 mm，参数设置参考图2-4-7，填充颜色为淡红色（CMYK：0，40，20，0），效果参考图2-4-8。

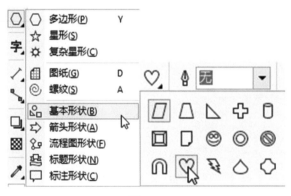

图2-4-6

图2-4-7

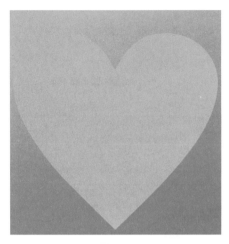

图2-4-8

（6）选择工具箱中的“选择工具”，拖动鼠标形成虚线框，选择矩形和心形，然后单击“对象”/“对齐和分布”/“水平居中对齐”命令，操作参考图2-4-9。效果参考图2-4-10。

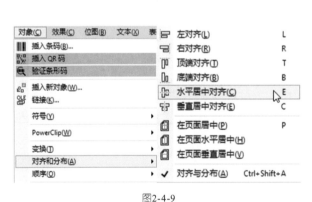

图2-4-9

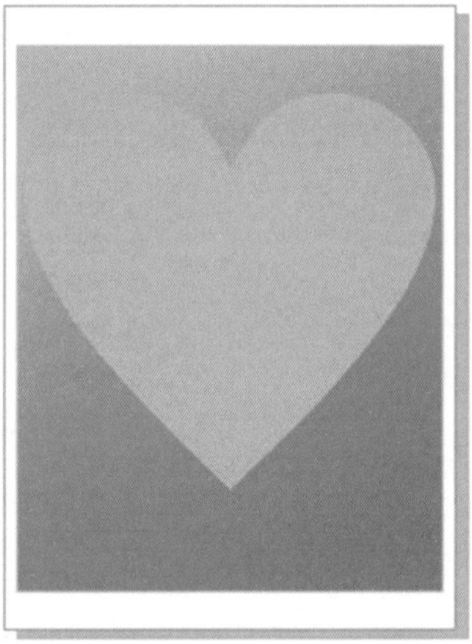

图2-4-10

活动二 绘制人物

（1）选择“椭圆形工具”，按住Ctrl键，绘制一个大小为45 mm 45.0 mm 45.0 mm 的正圆形，填充为淡黄色（CMYK：0，0，20，0），效果参考图2-4-11，再次绘制大小为70 mm的正圆形，填充为黑色，选择两个圆形，分别执行“对象”/“对齐和分布”/“水平居中对齐”和“垂直居中对齐”，效果参考图2-4-12。

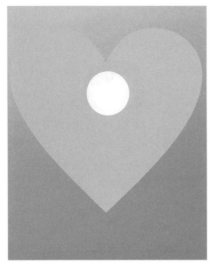

图2-4-11　　　　　　　　　　　　　　　　　图2-4-12

（2）选择两个圆形，按快捷键Ctrl+Q，转换为曲线，使用"形状工具"进行调节，绘制出人物的头发和脸部，效果参考图2-4-13。

图2-4-13

（3）选择"矩形工具"□，在人物头部绘制长为46 mm，宽为17 mm的矩形，参数设置为 46.0 mm / 17.0 mm，填充为白色，效果参考图2-4-14。按快捷键Ctrl+Q转换为曲线，使用"形状工具"，对矩形进行形状调整，绘制"白衣天使"的帽子，效果参考图2-4-15。

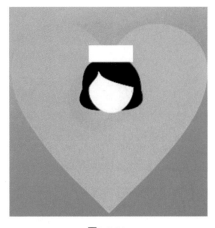

图2-4-14

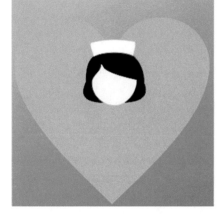

图2-4-15

（4）选择工具箱中的"多边形工具"/"基本形状"/"十字形状"，操作参考图2-4-16，绘制红十字标志，调整到合适大小，并填充为红色，效果参考图2-4-17。

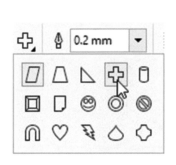

图2-4-16

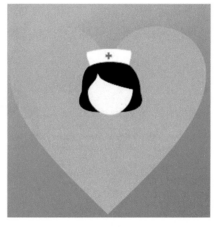

图2-4-17

（5）选择"贝塞尔工具" 和"椭圆形工具" ，绘制人物的五官部分，其中眉毛和眼睛设置为黑色，鼻子和嘴的颜色为深粉色（CMYK：0，60，40，0），效果参考图2-4-18。

（6）继续使用"贝塞尔工具"绘制人物的脖子和手臂，填充为淡黄色（CMYK：0，0，20，0），绘制衣服部分，填充为白色，轮廓色均设置为肉粉色（CMYK：0，40，40，0），效果参考图2-4-19。绘制好一边的手臂后，再复制该手臂，单击属性栏中的"水平镜像"按钮 ，调整到另一边。手部造型为"爱心"，体现"白衣天使"无私大爱。

图2-4-18

图2-4-19

（7）使用"贝塞尔工具"绘制"天使"的翅膀，填充为白色，调整顺序，放置在人物和爱心之间，这样便完成了美丽的"白衣天使"人物插画的绘制，效果参考图2-4-20。

图2-4-20

友情提示

　　对象缩放和镜像可以在"变换"泊坞窗进行多种多样的调整，属性栏上也有"水平镜像" 按钮和"垂直镜像" 按钮进行快速调整。

"变换"泊坞窗

水平镜像　　　　　垂直镜像

效果拓展

　　制作"运动健康"插画

　　效果描述
　　这是一张以运动为主题的插画，正在跑步的人物以暖色为主，体现阳光与活力，生命在于运动，倡导健康的生活方式。

　　技能提示
　　用工具箱中的"钢笔工具"勾画头部、飘逸的头发和身体的形状，以及草坪。用"形状工具"进行调整，填充相应的颜色。

案例五　制作美丽家园

效果展示

效果分析

　　蓝天、白云、一望无际的田野，在那里有我们美丽的家园。本案例就是绘制一幅矢量的美丽家园图。进一步熟悉矩形工具、椭圆形工具、填充工具、交互式填充工具、调和工具、贝塞尔工具、钢笔工具等的使用。

　　完成本案例，主要技能有：

　　◎能够熟练使用复制、剪切、粘贴、合并对象的方法。

　　◎能够使用调和工具制作对象调和效果。

　　◎能够灵活运用多种填充颜色的方法。

本案例时间建议分配表

教师演示及讲解	学生操作	教师评价
累计1学时	累计4学时	累计1学时

效果达成

活动一 绘制蓝天和白云

（1）新建一个空白文档，将其保存，命名为"美丽家园.cdr"。

（2）单击属性栏上的"横向"按钮 ▯▭，将页面调整为横向。双击工具箱中的"矩形工具" ▢，绘制一个和页面同等大小的矩形，参数设置参考图2-5-1，效果参考图2-5-2。

（3）选择工具箱中"填充工具组"/"交互式填充工具" ◈，在"对象属性"对话框中选择"线性渐变填充" ▩，颜色从蓝色（CMYK：61，0，7，0）到白色，"旋转角度"设为"270.0°"，参数设置参考图2-5-3，效果参考图2-5-4。

图2-5-1

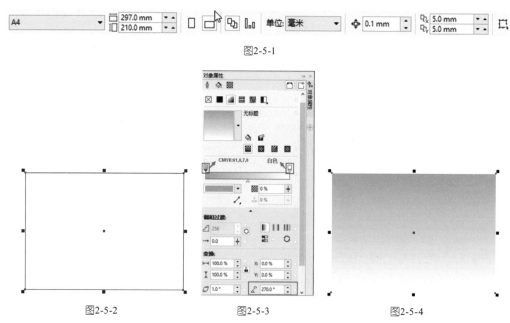

图2-5-2　　　　　　　　图2-5-3　　　　　　　　图2-5-4

（4）选择工具箱中的"贝塞尔工具" ✐，绘制白云的形状，效果参考图2-5-5。

（5）选择工具箱中"填充工具组"/"均匀填充" ■，参数设置参考图2-5-6，效果参考图2-5-7。

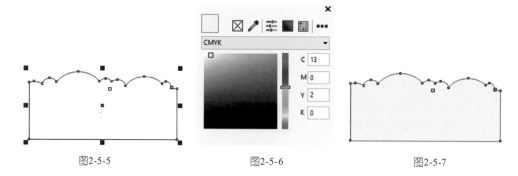

图2-5-5　　　　　　　　图2-5-6　　　　　　　　图2-5-7

（6）复制一个相同的图形；单击属性栏上"水平镜像"按钮，效果参考图2-5-8；填充成白色，效果参考图2-5-9。

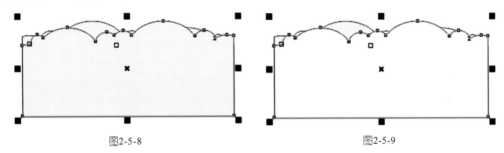

图2-5-8   图2-5-9

（7）将云朵放置到背景，调整位置、大小，效果参考图2-5-10，群组全部云朵对象，去掉所有轮廓色，效果参考图2-5-11。

图2-5-10   图2-5-11

（8）选择工具箱中的"椭圆形工具"，绘制多个椭圆，效果参考图2-5-12，用挑选工具框选所有的椭圆，单击属性栏上"合并"按钮，绘制出云朵的形状，效果参考图2-5-13。

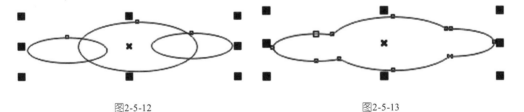

图2-5-12   图2-5-13

（9）再次使用"交互式填充工具"，在"对象属性"对话框中选择"线性渐变填充"，颜色从蓝色（CMYK：61，0，7，0）到白色，"旋转角度"设为"0.0°"，参数设置参考图2-5-14，效果参考图2-5-15。

图2-5-14

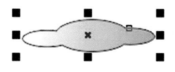

图2-5-15

（10）复制一个相同的云朵图形；单击属性栏上"水平镜像"按钮 ，效果参考图2-5-16，去掉所有轮廓色，效果参考图2-5-17。

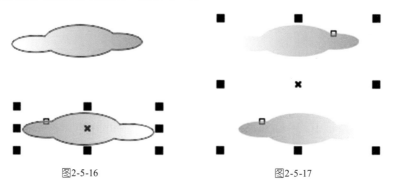

图2-5-16

图2-5-17

（11）将云朵放置到背景，调整位置、大小，组合全部云朵对象，效果参考图2-5-18。

图2-5-18

活动二 绘制田园风光

（1）选择工具箱中的"贝塞尔工具" ，绘制山的形状，效果参考图2-5-19。

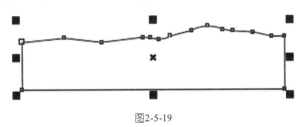

图2-5-19

（2）选择工具箱中的"填充工具组"/"均匀填充" ，参数设置参考图2-5-20，效果参考图2-5-21。

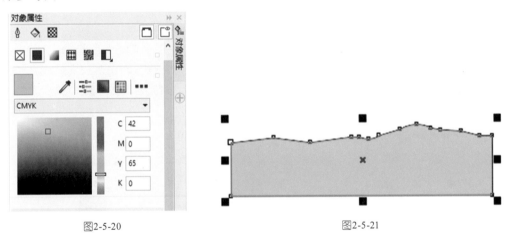

图2-5-20   图2-5-21

（3）按照相同的方法，绘制其他的山，并填充合适的颜色，调整大小和排列顺序，组合全部山的对象，效果参考图2-5-22，去掉所有轮廓色，效果参考图2-5-23。

图2-5-22

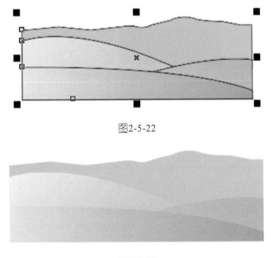

图2-5-23

（4）将山放置到背景，调整位置、大小，群组全部对象，整体效果参考图2-5-24。

图2-5-24

（5）继续使用"贝塞尔工具"绘制树干的形状，效果参考图2-5-25，选择工具箱中"填充工具组"/"均匀填充" ■，参数设置参考图2-5-26，效果参考图2-5-27。

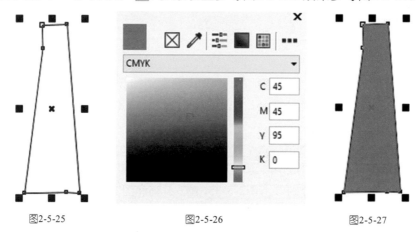

图2-5-25　　　　　　　　图2-5-26　　　　　　　　图2-5-27

（6）选择工具箱中"椭圆形工具" ○，绘制树叶的形状，参数设置参考图2-5-28，使用"交互式填充工具"，在"对象属性"对话框中选择"线性渐变填充" ▨，颜色从绿色（CMYK：32, 7, 100, 0）到黄色（CMYK：9, 0, 69, 0），"旋转角度"设为"110.0°"，效果参考图2-5-29。

（7）调整树干和树叶的位置、大小，群组对象，效果参考图2-5-30，去掉所有轮廓色，效果参考图2-5-31。

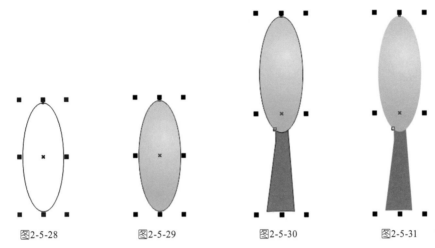

图2-5-28　　　　　图2-5-29　　　　　图2-5-30　　　　　图2-5-31

（8）树在山中的效果参考图2-5-32，选择树，按快捷键Ctrl+C（复制）和Ctrl+V（粘贴），或者按小键盘上的"+"键，快速复制树，并调整大小、位置，形成远近不同的层次感觉，效果参考图2-5-33。

图2-5-32　　　　　　　　　　　　　　　图2-5-33

（9）选择工具箱中的"椭圆形工具" ⬭，绘制3个同心圆，填充成白色，效果参考图2-5-34。

（10）选择工具箱中的"透明度工具" ▦ /"均匀透明度" ▣，3个圆由内到外的参数设置分别参考图2-5-35，图2-5-36和图2-5-37，组合3个圆，调整位置、大小，效果参考图2-5-38，去掉所有轮廓色，在右上方绘制出光晕的效果，效果参考图2-5-39。

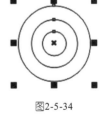

图2-5-34

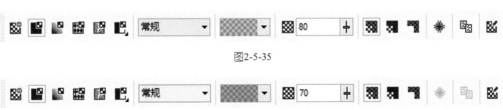

图2-5-35

图2-5-36

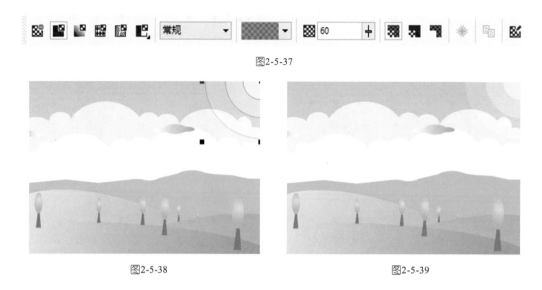

图2-5-37

图2-5-38   图2-5-39

活动三　绘制围栏和房子

（1）选择工具箱中的"矩形工具" □，绘制一个小矩形，按快捷键Ctrl+Q将其转换成曲线，再使用"形状工具" 🔈，调整为围栏的形状，效果参考图2-5-40。

（2）使用"贝塞尔工具"绘制圆弧围栏的路径，效果参考图2-5-41。

（3）选中围栏形状，按小键盘上的"+"键，复制一个围栏形状，使用"挑选工具" ▶，调整围栏的大小，形成远近的感觉，分别放在路径的两端，效果参考图2-5-42。

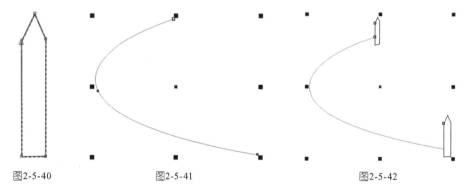

图2-5-40   图2-5-41   图2-5-42

（4）选择工具箱中的"调和工具" 🖉，从一个围栏拖至另一个围栏，得到一组围栏的调和对象，"调和步长"参数设置参考图2-5-43，效果参考图2-5-44，再按"路径属性" 📝 /"新路径"将小箭头移到圆弧围栏的路径上单击，操作参考图2-5-45，效果参考图2-5-46。

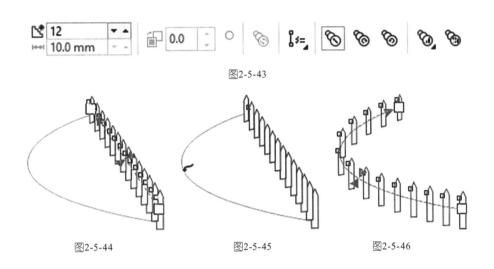

图2-5-43

图2-5-44   图2-5-45   图2-5-46

 知识准备

调和工具 📎：可以创建几种不同的调和效果，如直线调和、沿路径调和、复合调和。在调和过程中，对象的外形、排列次序、填充方式、节点位置和数目都会直接影响到调和的结果。

调和工具属性栏

设置步数：调整两个对象之间调和对象的图形数量，步数越少间距越大，反之越小。

设置方向：调整两个对象之间调和对象的图形角度，可使渐变图形旋转起来。

设置颜色：调整两个对象之间调和对象的图形颜色，可使渐变图形产生颜色渐变。

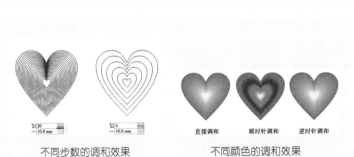

不同步数的调和效果   不同颜色的调和效果   不同方向的调和效果

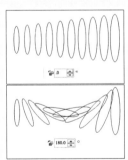

直接调和   顺时针调和   逆时针调和

（5）继续使用"贝塞尔工具"绘制两个细长的圆弧矩形，和围栏放在一起，效果参考图2-5-47。

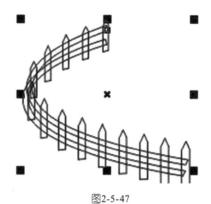

图2-5-47

（6）使用"挑选工具" ，选择整个围栏，组合对象，填充为白色，去掉轮廓色，效果参考图2-5-48。复制一个相同的围栏组合对象，单击属性栏上"水平镜像"按钮 ，调整位置、大小，整体效果参考图2-5-49。

图2-5-48   图2-5-49

（7）选择工具箱中的"钢笔工具" ，绘制房顶轮廓，效果参考图2-5-50，整个房子的效果参考图2-5-51。

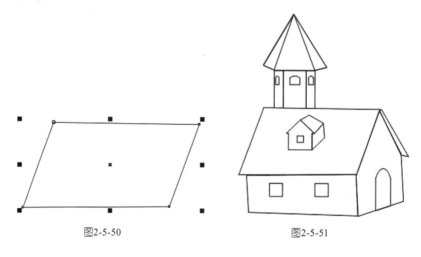

图2-5-50   图2-5-51

（8）选择工具箱中的"填充工具" ■，给房子上色，颜色参考图2-5-52，群组全部房子对象，去掉所有轮廓色，效果参考图2-5-53。

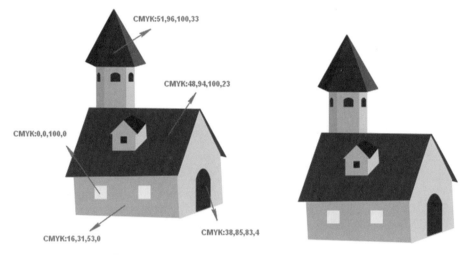

图2-5-52　　　　　　　　　　　　　图2-5-53

（9）房子放置在画面后，效果参考图2-5-54，将房子复制、镜像，调整大小，再放置到画面的其他位置，最终效果参考图2-5-55。

图2-5-54　　　　　　　　　　　　　图2-5-55

效果拓展

制作乡村风景画

效果描述

我们心中的新农村应该建设成什么样子呢？请参考下面的图，绘制太阳、云、草地、树木、房屋、围栏等，构成一幅简易风景画。

技能提示

◎使用椭圆形工具合并绘制云朵及树木。

◎使用贝塞尔工具、形状工具绘制草地、房屋。

◎使用矩形工具、形状工具、调和工具绘制围栏。

◎使用填充工具上色。

案例六　制作客厅样图

效果展示

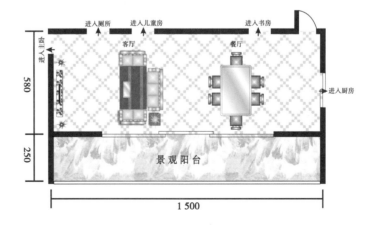

效果分析

　　使用CorelDRAW X8来做平面样图简单快捷，便于修改。本案例主要使用矩形工具及各种填充工具等绘制一幅彩色的客厅平面布置图。

　　完成本案例，主要的技能有：

◎能够使用辅助线来辅助绘图。

◎能够使用图样填充工具给形状填充图案。

◎能够熟练使用对象的群组与取消群组。

◎能够使用度量工具来标记数据。

本案例时间建议分配表

教师演示及讲解	学生操作	教师评价
累计2学时	累计4学时	累计2学时

效果达成

活动一　添加辅助线绘制墙基线和门

　　（1）新建一个空白文档，将其保存，命名为"客厅样图.cdr"。

　　（2）单击"布局"/"页面设置"命令，弹出"选项"对话框，选择"页面尺寸"/"大小和方向"，方向选择"横向" ，单位选择"毫米"，宽度为"320"，高度为"170"。参数设置参考图2-6-1。

图2-6-1

　　（3）单击"工具"/"选项…"命令，弹出"选项"对话框，选择"辅助线"/"水平"，输入20毫米，单击"添加"按钮，再输入45毫米，单击"添加"按钮，再输入100毫米，单击"添加"按钮，勾选"显示辅助线"和"贴齐辅助线"，参数设置参考图2-6-2。

图2-6-2

(4) 选择"辅助线"/"垂直"，按照相同的方法，分别添加110毫米、260毫米两根辅助线，参数设置参考图2-6-3，工作区效果参考图2-6-4。

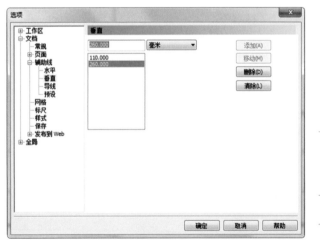

图2-6-3

图2-6-4

 知识准备

辅助线：在绘图时，帮助对齐对象的虚线。

◎快速添加水平辅助线和垂直辅助线：单击水平或垂直标尺不放并拖动到绘

图页面中，松开鼠标即可出现一条水平或垂直的辅助线。

◎显示或隐藏辅助线：单击"视图"/"辅助线"。

◎删除辅助线：单击辅助线，辅助线变成红色，按键盘上的Delete键，即可删除。

◎倾斜辅助线：单击该辅助线，再单击一次，辅助线两端显示弯箭头符号，按住弯箭头拖动，即可倾斜辅助线。

（5）选择工具箱中的"矩形工具" □，根据辅助线绘制墙基线，效果参考图2-6-5，再使用工具箱中的"贝塞尔工具" ✐ 和"矩形工具"，绘制门，效果参考图2-6-6，将门放置到墙基线的入口处，效果参考图2-6-7，再使用"矩形工具"绘制客厅、厨房的玻璃滑门，效果参考图2-6-8。

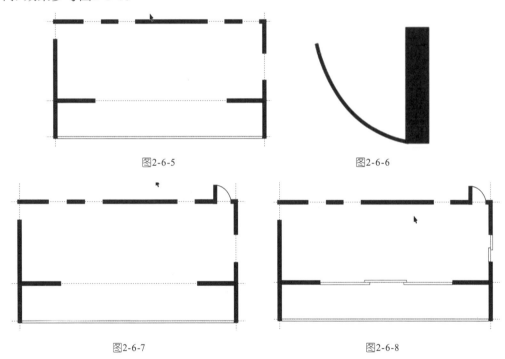

图2-6-5　　　　　　　　　　　　　　图2-6-6

图2-6-7　　　　　　　　　　　　　　图2-6-8

活动二　添加地面图案

（1）选择工具箱中"矩形工具"，绘制与客厅一样大的矩形，效果参考图2-6-9，选择工具箱中的"交互式填充工具" ◈ /"双色图样填充" ▣，弹出"图样填充"对话框，参数设置参考图2-6-10，效果参考图2-6-11。

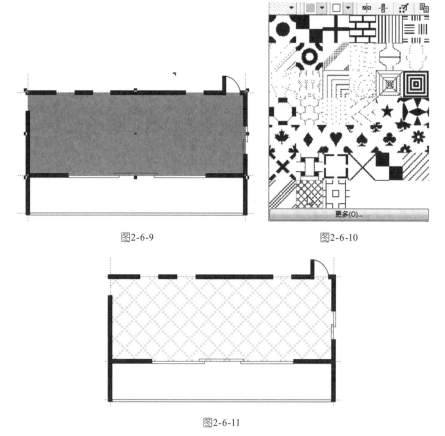

图2-6-9   图2-6-10

图2-6-11

（2）继续使用"矩形工具"，绘制阳台的地面，效果参考图2-6-12，使用"交互式填充工具" ◇ /"位图图样填充" ◈ ，使用素材文件夹中的"阳台花纹"填充图案，效果参考图2-6-13。

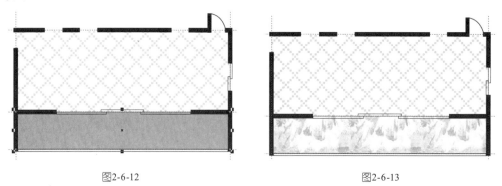

图2-6-12   图2-6-13

活动三　布置家具

（1）使用"矩形工具" □ 和"贝塞尔工具" ✐ 绘制电视机，并对其填充颜色，效果参考图2-6-14，继续绘制电视柜，使用"交互式填充工具"  /"位图图样填充" ，使用素材库中的"电视柜位图"填充图案，最后使用"交互式工具组"/"交互式阴影工具" ，添加阴影，效果参考图2-6-15。

图2-6-14   图2-6-15

（2）将电视机放置在电视柜上，效果参考图2-6-16，再放置到客厅中，效果参考图2-6-17。选择工具箱中的"钢笔工具" ，绘制电视柜旁边的植物图形，并进行填充，效果参考图2-6-18。

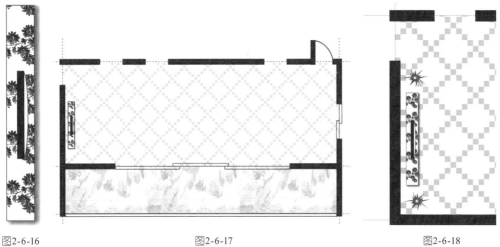

图2-6-16   图2-6-17   图2-6-18

（3）先用"矩形工具"绘制矩形组成沙发，再选择工具箱中的"交互式填充工具" ，在属性栏上，将填充类型设置为"渐变填充/线性渐变填充" ，在右侧"对象属性"窗口中，设置渐变色，单击起始色块，设置颜色为白色，再单击结束色块，设置颜色为橘黄（CMYK：0，50，100，0），"旋转角度"设为"180.0°"，参数设置参考图2-6-19，效果参考图2-6-20。

（4）继续使用"矩形工具"绘制茶几、地毯的形状，按照相同的方法进行渐变填充，将所有对象进行组合，按快捷键Ctrl+G，使用"交互式工具组"/"交互式阴影工具" ，添加阴影，效果参考图2-6-21。放置到客厅中，效果参考图2-6-22。

（5）继续使用"矩形工具"绘制餐桌和餐椅，按照相同的方法进行渐变填充，效果参考图2-6-23，将绘制好的餐桌和餐椅放到饭厅，效果参考图2-6-24。

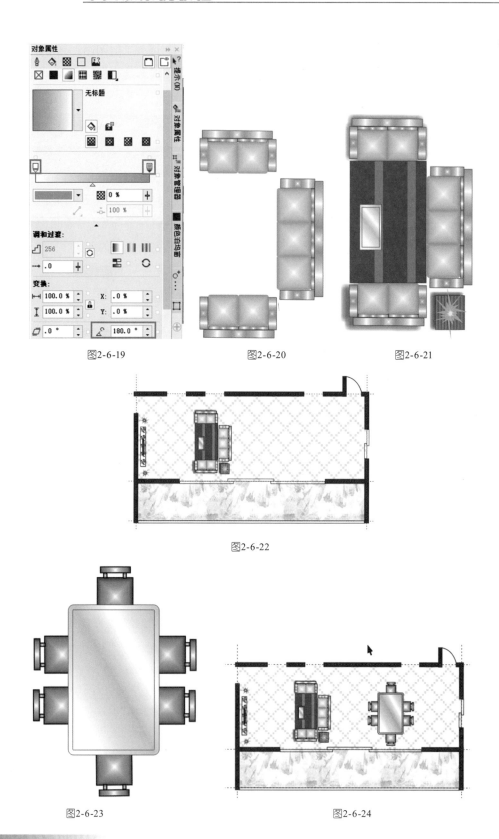

图2-6-19   图2-6-20   图2-6-21

图2-6-22

图2-6-23   图2-6-24

活动四 说明及标注

（1）选择工具箱中的"文本工具" 字，在各个功能区域，输入文字说明，效果参考图2-6-25。

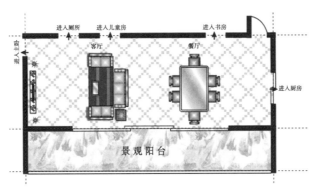

图2-6-25

（2）选择工具箱中的"度量工具" ，标注平面图形尺寸，效果参考图2-6-26，单击"视图" / "辅助线"，隐藏辅助线，最终效果参考图2-6-27。

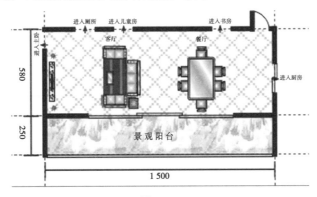

图2-6-26

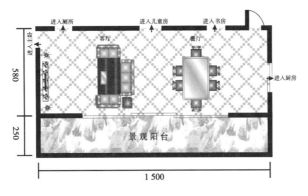

图2-6-27

知识准备

度量工具 ：用来度量对象的长宽、间距和角度，并显示出来，既能随图形的改变自动改变数值的大小，也能手动输入数值的大小。

| 十进制 ▼ | 0.00 ▼ | ㎜ ▼ | "m 0.1 | 前缀： □ | 后缀： □ | ⋯ | ⌐ | ⌐ | ▯ | ▭ ▼ | — ▼ | ⊕ |

度量工具属性栏

使用方法以水平度量为例：选择水平度量工具，在对象的起始点A处单击并按住鼠标，拖动到结束点B处松开鼠标，再移动鼠标到需要显示数值的C处并单击，度量结果即显示出来。此时，显示的数值是实际数值，可以直接更改为自己想要的数值。

效果拓展

制作平面布置图

效果描述
使用本案例所学的方法，继续完成整个平面布置图。

技能提示
（1）使用矩形工具、辅助线绘制墙基线和门窗，再用交互式填充工具铺地面图案。
（2）使用矩形工具、椭圆形工具、贝塞尔工具、交互式填充工具布置家具，如沙发、床、衣柜、餐桌、灶台、浴缸等。
（3）最后用文本工具、度量工具添加说明及标注。

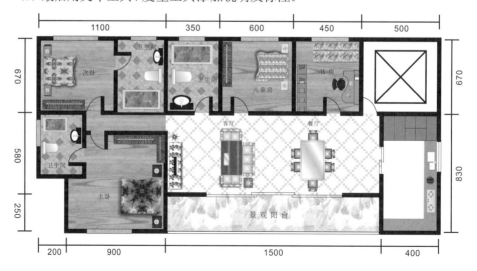

"形状绘制与造型设计"评价参考表

内　容		标准/分	自评20%	他评20%	师评60%	得分
能力目标	评价项目					
基本图形绘制	手绘工具组的使用	10				
	几何图形工具的使用	10				
图形编辑	对象的群组与拆分	10				
	多个图形的合并、相交等操作	10				
	对象的位置和排列	10				
	复制对象	10				
特殊效果处理	填充工具组的使用	10				
	调和工具组的使用	10				
文字输入	文本工具的使用	10				
尺寸标注	度量工具的使用	10				

单元三

文字效果与图文排版

X8

单元概述

　　文字是平面设计的重要组成部分，优秀的文案能直接反映出诉求信息，巧妙的造型能提高视觉效果上的吸引力。Core1DRAW的重要功能就是文字处理和图文排版，在Core1DRAW X8中使用的文本类型分为两种：美术字和段落文本，这两种文字的处理方法和范围各有不同。美术字用来处理少量文字，常用于标语、主题；段落文本用来处理大篇幅文本，常用于编排主体文本。灵活运用Core1DRAW文字处理技术可以赋予文字鲜明的个性，设计新颖的字形、合理组合的版面可以使人留下美的印象，获得良好的心理感受。

学习完本单元后，你将能够：

⊕ 掌握文本工具的基本使用方法和属性的设置

⊕ 理解美术字和段落文本的区别

⊕ 掌握美术字和段落文本的编辑方法与处理技巧

⊕ 掌握表格工具的使用方法

⊕ 掌握版面布局和图文混排的设计技巧

案例一　制作标题文字

效果展示

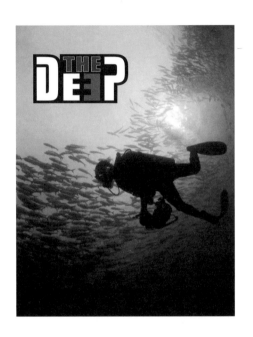

效果分析

平面作品的标题文字或者主题文字是该作品表达主题的中心、重点，在版面中必须予以突出，巧妙设计使其有强烈的视觉冲击力，起到画龙点睛，吸引注意力的作用。

在CorelDRAW X8中，使用工具箱中的"文本工具"，或者按功能键F8，即可以在绘图窗口中鼠标单击处直接输入文字，默认为美术字类型。美术字是当作一个图形对象来处理的，可以对美术字使用图形的编辑方法和应用图形的特殊效果，使文字效果更加美观。

本案例选取了一张海底潜水的图片，配以的主题名叫"THE DEEP"，表达"深"的意思。根据背景图的色调及整体氛围，把此主题文字的颜色定为蓝、白、红、黑4种颜色。蓝配白，经典搭配，清爽醒目，红色则为了传达海深、潜水存在一定的危险性，黑色打底增加厚重感。造型上，把字母E四边修剪整齐，增加稳重感，再把"DEEP"的第二个字母E反转增加吸引力，最后，把字母D和P进行局部修剪，通过几何图形的变化，在细微处表现与众不同。

完成本案例，主要技能有：

◎能够使用文本工具进行文字的输入。

◎能够对文字进行属性的设置。

◎能够在拆分文本及转换曲线后，对文字进行对齐、修剪等形状调整。

本案例时间建议分配表

教师演示及讲解	学生操作	教师评价
累计2学时	累计3学时	累计1学时

 效果达成

活动一　导入图片文件及输入文字

微课

（1）新建一个空白文档，将其保存，命名为"THE DEEP主题文字.cdr"。

（2）单击属性栏上的"纵向"按钮 ▢▢，将页面调整为纵向，参数设置参考图3-1-1。

图3-1-1

（3）单击"文件"/"导入…"，或者按快捷键Ctrl+I，打开"导入"对话框，选择"素材"/"单元三"/"案例一"/"深海.jpg"，操作参考图3-1-2。

（4）用鼠标在绘图区域随意拖动后松开，在属性栏上设置对象大小：宽度210 mm，高度297 mm，让图片和页面一样大小。再单击"对象"/"对齐和分布"/"在页面居中"命令，让图片和页面完全重叠，操作参考图3-1-3。

图3-1-2　　　　　　图3-1-3

知识准备

导入文件的方法如下：

◎执行"文件"/"导入"命令。

◎按快捷键Ctrl+I。

◎单击标准工具栏中的"导入"按钮。

导入文件时剪裁图像的方法如下：

◎在"导入"对话框中，单击"导入"按钮右边的黑色三角箭头，在弹出的下拉列表框中，选择"裁剪并装入"，打开"裁剪图像"对话框，设置好剪裁大小的参数后，单击"确定"按钮。

◎在页面中拖动鼠标，即可将图像按鼠标拖出的尺寸导入页面中。

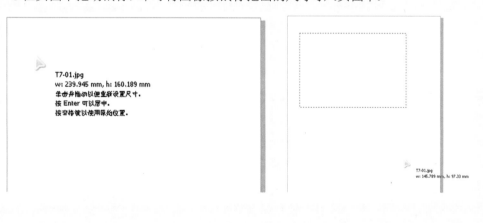

（5）选择工具箱中的"文本工具" 字 ，在图片左上方合适位置单击鼠标，即可在单击的位置输入文字"THE DEEP"；在属性栏的字体列表框中，选择字体为Impact字体，在字体尺寸列表框中设置尺寸为100 pt，此处选择的字体和字号均是为了在后面造型设计时，方便制作，简化步骤。参数设置参考图3-1-4，效果参考图3-1-5。

图3-1-4

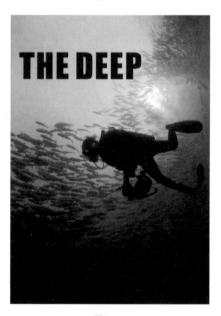

图3-1-5

活动二 文字的造型设计

微课

（1）单击"对象"/"拆分美术字"，或者按快捷键Ctrl+K，拆分为单个的字母，操作参考图3-1-6。

（2）选中全部字母，单击"对象"/"转换为曲线"，或者按快捷键Ctrl+Q，将所有字母变成形状。

（3）选择工具箱中的"形状工具" ，按住"Ctrl"键，依次单击选择字母E右端的节点，单击属性栏上"对齐节点"按钮 ，打开"节点对齐"对话框，选择"垂直对齐"，方法参考图3-1-7，让字母"E"看上去更稳重，按照相同的方法把另一个字母"E"做相同调整。

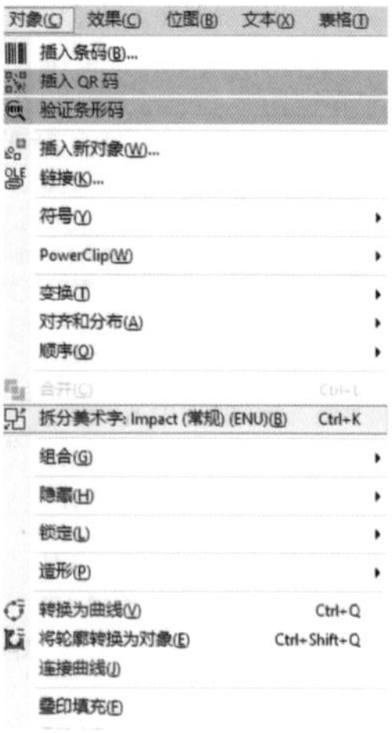

对象(C)	效果(C)	位图(B)	文本(X)	表格(T)

插入条码(B)...
插入 QR 码
验证条形码
插入新对象(W)...
链接(K)...
符号(Y)
PowerClip(W)
变换(T)
对齐和分布(A)
顺序(O)
合并(C)   Ctrl+L
拆分美术字: Impact (常规) (ENU)(B)   Ctrl+K
组合(G)
隐藏(H)
锁定(L)
造形(P)
转换为曲线(V)   Ctrl+Q
将轮廓转换为对象(E)   Ctrl+Shift+Q
连接曲线(J)
叠印填充(F)

图3-1-6

图3-1-7

◎若要对文字进行造型设计, 则不能再把文字当作文字的属性来设置, 而要把文字当作形状的属性来修整。此例要对每一个字母进行修整, 所以要先将文字拆分为单个的字母, 再把所有字母转换为曲线, 如果没有拆分直接转换为曲线, 全部字母将作为一个整体, 不能对每一个字母的位置进行调整。先拆分再转换为曲线和先转换为曲线再拆分, 效果是不一样的, 请读者认真体会。

◎若输入的是段落文字, 即文字中间有回车换行的情况, 按快捷键Ctrl+K拆分, 效果是拆分为每一行, 要再次对每一行文字进行拆分, 才能拆分为单个的字母。

◎在对齐节点时, 是以最后选中的那个节点为标准对齐的。

(4) 选择工具箱中的 "选择工具" ⬉, 用鼠标拖动的方法调整字母排列的结构, 效果参考图3-1-8。

(5) 用矩形工具画一个合适的矩形去修剪字母D和P, 做出不同于任何字体的造型, 细微处突出与众不同。

(6) 选择DEEP中的第二个 "E", 执行属性栏上的水平镜像, 将其水平翻转, 以提高注意力, 填充为红色, 传达海深、潜水存在一定的危险性, 其他3个字母均填充为白色。

(7) 再选中 "THE" 填充为蓝色, 设置白色轮廓, 蓝色配白色, 经典搭配, 清爽醒目。效果参考图3-1-9。

图3-1-8 图3-1-9

（8）选中全部字母，按快捷键Ctrl+G，组合全部字母。单击"效果"/"轮廓图"或者按快捷键Ctrl+F9，在窗口右侧的"轮廓图"窗口中，选择"外部轮廓"按钮，设置"轮廓图步长"和"轮廓图偏移"的数值，能让所有字母的外边线连在一起即可。参数设置参考图3-1-10。

（9）单击"对象"/"拆分轮廓图群组"，再使用工具箱中的"形状工具" 把下边线调整为一条直线，增加稳重感，最终效果参考图3-1-11。

图3-1-10 图3-1-11

◎文字尽量使用常见字体，否则，如果更换了计算机使用，而该计算机字库中没有该字体，就会出现字体被替换或乱码的现象。为避免此问题，在定稿之后，可以将其转换成曲线来解决。

效果拓展

制作反战宣传画主题文字

效果描述

这是一张以和平反战为主题的宣传画,绿色是和平的象征,所以在字符颜色上使用了绿色,根据背景图片的色调,为了表示战争带来的凄惨,字符颜色又应用了白色,当然为了表示战争是鲜血淋淋的,也可以使用红色。字体选择了很正式且方正的字体,表达这是一个很严肃,事关生死的事情。

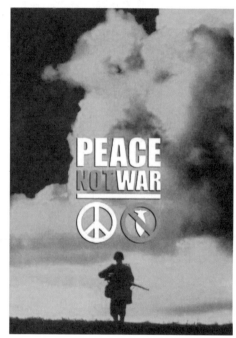

技能提示

(1)新建一个.cdr文件,导入"素材"/"单元三"/"案例一"/"效果拓展素材.jpg"。

(2)用工具箱中的"文本工具" ,输入字符"PEACE NOT WAR",选择合适的字体,按快捷键Ctrl+K拆分,按快捷键Ctrl+Q转换为曲线,设置颜色,调整大小,排列位置,加硬边阴影。

(3)制作世界和平标志,或者网上下载一个世界和平标志导入,设置颜色,调整大小和位置即可。

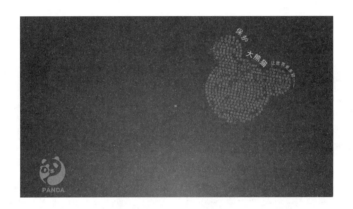

案例二　制作星空文字

效果展示

效果分析

　　通常情况下，输入的文本是沿着水平方向或者竖直方向排列的，这种排列方式的外观略显单调。而在美术字的设计过程中，有时需要把文本排列到路径上或者嵌合到指定形状里，使其排列形式更加多变，这种编排方法是美术字特有的编排效果。

　　通过本案例主要是学会在路径上排列文本，以及在指定区域内排列文本。本案例选题为保护大熊猫，先制作一个模拟的虚幻天空作为背景来衬托，再绘制大熊猫标志性的头像形状，作为一个形象的表达。沿着头像形状的外沿，输入表达主题的宣传语，并再选取大熊猫命名的相关内容来填充大熊猫头像的内部，去掉头像形状后，效果就变成了由文本组成的大熊猫头像形状，最后加上成都大熊猫繁育研究基地的LOGO（该LOGO是由成年大熊猫怀抱幼崽的剪影图形构成，其中还将太极图与之结合来寓意生生不息），完成这幅关于保护大熊猫的宣传画，尊重自然、珍爱生命。

　　完成本案例，主要技能有：
　　◎能够灵活使用调和工具制作特殊效果。
　　◎能够沿路径排列字符。
　　◎能够在指定图形中添加文本。

本案例时间建议分配表

教师演示及讲解	学生操作	教师评价
累计2学时	累计3学时	累计1学时

效果达成

活动一　制作星空背景

（1）新建一个空白文档，将其保存，命名为"星空文字.cdr"。

（2）单击属性栏上的"横向"按钮 ，将页面调整为横向。双击工具箱中的"矩形工具" □，绘制出一个和页面同等大小的矩形。

（3）选择工具箱中的"交互式填充工具" ◇，在属性栏上，将填充类型设置为"渐变填充/椭圆形渐变填充"，设置为"天蓝色"到"蓝色"的渐变天空效果。参数设置参考图3-2-1，效果参考图3-2-2。

图3-2-1

（4）选择工具箱中的"手绘工具" ┺，手工随意绘制一条线段，建议上部密集一些，下部和四周稀疏一些，这条线段的作用是为后面的星星布局指定路径，密集的地方星星就多一些，稀疏的地方星星就少一些。效果参考图3-2-3。

图3-2-2

图3-2-3

（5）选择工具箱中的"椭圆形工具" ○，绘制一个小圆，填充为"青色"，无轮廓，按小键盘上的+键将其复制，移动此复制对象到旁边。再选择工具箱中的"调和工具" ⬙，从一个圆形拖至另一个圆形，得到一组该圆形的调和对象，在属性栏中设置"调和步长数" ┗ 为100。参数设置及效果参考图3-2-4。

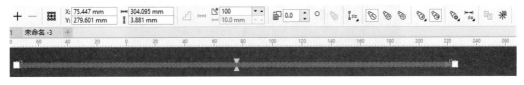

图3-2-4

（6）单击属性栏中"路径属性"按钮 ▣，在弹出的下拉选项中选择"新路径"，操作参考图3-2-5。

79

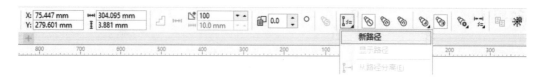

图3-2-5

（7）此时，光标会变成一个黑色弯曲箭头 ✐ 的样子，在刚才随意绘制的线段任意处单击，所有的圆点就会吸附在这条线段上，单击属性栏上"更多调和选项" 🖉，勾选"沿全路径调和"和"旋转全部对象"后，所有的小圆点会随机分布在这条线段上，大小形状也发生了一些细微的变化，呈现出大小不一的层次感，操作参考图3-2-6。

图3-2-6

（8）再次单击属性栏上"更多调和选项"中的拆分命令 🖉，此时，光标会再次变成一个黑色弯曲箭头 ✐，此时单击画面上其中一个小圆点，填充为"白色"，看到的小圆点发生了一些颜色上的细微变化，体现出层次感，呈现出星星忽远忽近、闪闪烁烁的状态，整个画面就会显得十分的自然。

（9）最后去掉手绘的那条线段，有两种方法可供参考。第一种方法：选择该线段，用轮廓工具 ◢，将轮廓色设置为无；第二种方法：选择该调和对象，用快捷键Ctrl+K拆分，再单独选择该线段，按Delete键删除即可，最后的效果参考图3-2-7。

图3-2-7

活动二 使用大熊猫头像的形状设计文字

（1）选择工具箱中的"椭圆形工具" ，绘制3个圆，调整大小和位置，将它们排列成大熊猫的头像样子，效果参考图3-2-8。

（2）选择工具箱中的"选择工具" ，选择这3个圆，单击属性栏上"合并"按钮 ，3个圆就变成了大熊猫头像的曲线，调整大小、角度和位置，效果参考图3-2-9。

微课

图3-2-8

图3-2-9

（3）选择工具箱中的"文本工具" ，将光标移到大熊猫头像曲线外侧的边沿上，当光标变成 时，单击鼠标，即可从单击的位置输入文字"保护大熊猫，让世界更多彩……"，此时，输入的文字会自动沿着曲线的轮廓排列。

（4）分别选择"保护""大熊猫""让世界更多彩……"，设置不同的字号和颜色，如果文字的位置不理想，可以使用"选择工具" ，用拖动的方法来调整文字的位置，效果参考图3-2-10。

图3-2-10

（5）再次使用"文本工具" ，将光标移到大熊猫头像曲线的内侧，当光标变成 时，单击鼠标，即可在大熊猫头像曲线的内部输入段落文字。

由于文字内容较多，已经提供了一个文本文件作为素材供大家使用。有两种方法可供参考，第一种方法：在CorelDRAW 环境下，单击"文件"/"导入…"，选择该文本文件："素材"/"单元三"/"案例二"/"大熊猫命名.txt"。第二种方法：单独打开"大熊猫命名.txt",使用"复制"/"粘贴"的方法,可以多粘贴几次,让文字在大熊猫头像曲线的内部布满,效果参考图3-2-11。

图3-2-11

(6)删除大熊猫头像曲线。使用快捷键Ctrl+Q,分别将里外两种文本对象都转换为曲线,然后就可以单独选择该曲线,按Delete键删除即可。

(7)选择文本组成的大熊猫头像形状,单击工具箱中的"透明度工具" ▨,在属性栏上进行相关参数设置,操作参考图3-2-12。此时文本呈现半透明效果,在模拟的星空背景的衬托下,呈现出忽明忽暗的感觉,增加层次感,效果参考图3-2-13。

图3-2-12

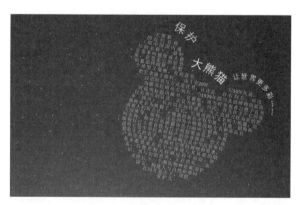

图3-2-13

(8)最后加上成都大熊猫繁育研究基地的LOGO,成都大熊猫繁育研究基地的LOGO已经作为素材,可以直接使用,单击"文件"/"导入…",选择"素材"/"单元三"/"案例二"/"大熊猫LOGO.cdr",为了和整个画面匹配,导入LOGO后,填充为"青色",效果参考图3-2-14。

图3-2-14

 知识准备

　　选择"文本工具" 字 后，在文本工具属性栏中可以进行字体、大小、粗体、斜体等基本设置。

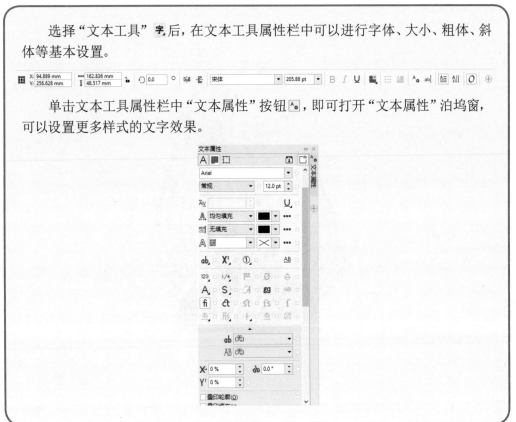

　　单击文本工具属性栏中"文本属性"按钮，即可打开"文本属性"泊坞窗，可以设置更多样式的文字效果。

效果拓展

制作火焰效果文字

效果描述

找一张火焰的图片作为背景,沿着火焰的形状,做出火苗外延后的趋势。用文字代替火苗,做出火焰的效果。

技能提示

(1)新建一个cdr文件,导入一张火焰的图片。

(2)用工具箱中的"手绘工具" ,手工绘制很多条线段,这些线段排列在一起要有火苗的形状。

(3)用工具箱中的"文本工具" 字,将光标移到其中一条线段上,当光标变成 时,输入文字,设置字体、大小、颜色等。按照相同的方法,在所有的线段上输入文字。

(4)按快捷键Ctrl+Q转换为曲线,然后单独选择手绘的线段,按Delete键删除即可。

案例三 制作节日特刊

 效果展示

咱们工人有力量

简介：

五一国际劳动节（International Labor Day），是世界上大多数国家的劳动节。定在每年的五月一日。它是全世界无产阶级、劳动人民共同拥有的节日。五一国际劳动节源于美国芝加哥城的工人大罢工。1886年5月1日，芝加哥的二十一万六千余名工人为争取实行八小时工作制而举行大罢工，经过艰苦的流血斗争，终于获得了胜利。为纪念这次伟大的工人运动，1889年7月第二国际宣布将每年的五月一日定为国际劳动节。这一决定立即得到世界各国工人的积极响应。

1890年5月1日，欧美各国的工人阶级率先走向街头，举行盛大的示威游行与集会，争取合法权益。从此，每逢这一天世界各国的劳动人民都要集会、游行，以示庆祝。

意义：

国际劳动节的意义在于劳动者通过斗争，用顽强、英勇不屈的奋斗精神，争取到了自己的合法权益，是人类文明民主的历史性进步，这才是五一劳动节的精髓所在。所以，人们才这么注重劳动节。

新生：

新中国成立以后，中央人民政府政务院于1949年12月将5月1日定为法定的劳动节，全国放假一天。每年的这一天，举国欢庆，人们换上节日的盛装，兴高采烈地聚集在公园、剧院、广场，参加各种庆祝集会或文体娱乐活动，并对有突出贡献的劳动者进行表彰。

Introduction: May Day (International Labor Day), most of the countries in the world is the Day. In every day. It is the proletariat, the working people have in common. May Day from American Chicago big strike of the workers. On May 1st 1886, Chicago 216 thousand more workers to implement for eight hours of duty and strike, through hard struggle, and finally the bleeding. To commemorate this great workers' movement, the second internationalist fixed every day as the international labor day. This decision immediately get world responded positively to the workers. On May 1st, 1890, the working class of euro-american went into the street, held a grand demonstration and rally for legitimate rights and interests. On this day, people all over the world to work for an assembly, a procession to celebrate.

Meaning: The international labor day significance of laborer, tenacity, through struggle with indomitable struggle spirit, brave to his legitimate rights and interests, is the historical progress of human civilization democracy, this is the essence of May Day. So, people's attention day.

New: After the founding of new China, the central people's government in December 1949, the former May 1st, the National Day of a National Day off. On this day each year, nationalistic celebration, people put all happily gather in park, theatres, square, in all kinds of meetings or entertainment activities, and have made outstanding contributions to the laborer recognition.

效果分析

每年的5月1日是法定劳动节，全国放假，举国欢庆，对有突出贡献的劳动者进行表彰。全社会都应该尊敬劳动模范，弘扬劳模精神，让诚实劳动、勤勉工作蔚然成风。本案例是以五一劳动节为主题的宣传小报，以A4纸大小为制作幅面。刊头用中国元素剪纸作为衬托，把数字5.1和国际劳动节的英文"INTERNATIONAL LABOR DAY"进行重组排列，看似一个整体标题，符合国际主流风格。

旁边的主题文字用了红、黄、白3种颜色，在黑色的映照下既有层次感又有质感，并用几个粗细不一的线条作为装饰，显得更为饱满。为了配合"咱们工人有力量"，用了一个拳头作为陪衬，并用发散的光芒来提升视觉上的张力。

本案例要学会段落文本的编辑方式，段落文本是建立在美术字基础上的大块区域的文本。

段落文本和美术字的共同之处是，都可以进行文字基本属性的编辑，比如说：字体、字号、颜色、对齐方式、粗、斜、下画线等。

段落文本和美术字的不同之处是，美术字可以使用图形的编辑方法，段落文本则没有此类编辑方式；段落文本可以进行缩进、分栏、首字下沉、项目符号等编辑，美术字则没有此类编辑方式。

美术字和段落文本可以相互转换，可以在"文本"菜单中转换，也可以在右击后弹出的快捷菜单中选择，还可以使用快捷键Ctrl+F8。当美术字转换成段落文本后，它就不是图形对象了，不能使用图形编辑的操作，已产生的图形特殊效果也会消失，而段落文本转换为美术字后，它也会失去段落文本格式产生的效果。请读者认真体会，区别使用。

完成本案例，主要技能有：
◎能够在变换窗口中设置有规律的效果。
◎能够对段落文本进行分栏等操作。
◎能够灵活运用版面布局和图文混排技巧。

本案例时间建议分配表

教师演示及讲解	学生操作	教师评价
累计2学时	累计4学时	累计2学时

效果达成

活动一　制作刊头

（1）新建一个空白文档，将其保存，命名为"节日特刊.cdr"。

（2）在属性栏上选择"纸张类型/大小"为"A4"。从标尺上拖出上下左右4根参考线，参考线数据建议：Y（270），Y（25），X（30），X（180），效果参考图3-3-1。参考线的

微课

作用既可以规定页边距，避免超出边界，也可以作为留白，布局太满反而造成视觉疲累。

（3）单击"文件"/"导入…"，选择"素材"/"单元三"/"案例三"/"刊头剪纸.cdr"文件。填充为"粉色"，选择工具箱中的"文本工具" ，输入文字"5·1 INTERNATIONAL LABOR DAY"，使用之前案例中学习的美术字处理技巧，重新排列组合，"5·1"填充为红色，英文用另外几种颜色，给予一定层次感即可，效果参考图3-3-2。

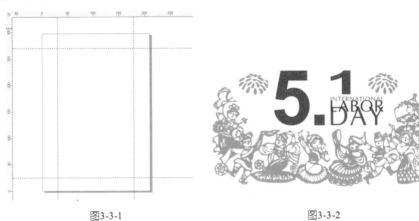

图3-3-1　　　　　　　　　　　　　　　图3-3-2

友情提示

◎在版面整体设计时，如果满布文字会给人一种压抑感，合理的留白会反而会给人一定的想象空间及爽心悦目的感觉，做设计时应充分考虑此问题。

（4）选择工具箱中的"矩形工具" ，绘制几个矩形框，分别填充为50%~90%的黑色，调整矩形的大小，增加层次感。

（5）选择工具箱中的"文本工具" ，输入主题文字"火红的青春 光辉的岁月"，分别填充为红色、黄色、白色。在合适的位置输入其他相关信息的文字，如："主办：××职业教育中心 2021年5月1日星期六 节日特刊"，效果参考图3-3-3。

图3-3-3

活动二　制作主体文字的背景

（1）在刊头的下方绘制一个矩形框，矩形框的大小就是图文排版的范围。选择工具箱中的"多边形工具" 回，绘制一个三角形，效果参考图3-3-4。

（2）单击"窗口"/"泊坞窗"/"变换"/"旋转"，或者按快捷键Alt+F8，打开"变换"卷帘窗，设置"旋转角度"为"5.0°"，"相对中心"为中下，参数设置参考图3-3-5，设置"副本"为71，然后单击"应用"按钮，这些复制品形成一个圆圈，效果参考图3-3-6。

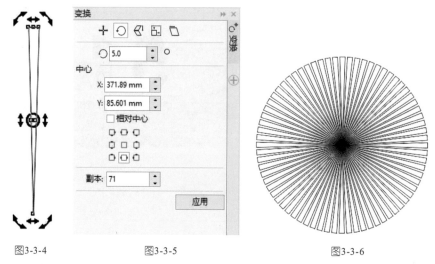

图3-3-4　　　　　　　　　図3-3-5　　　　　　　　　図3-3-6

（3）选择所有的三角形，单击"对象"/"合并"，或者按快捷键Ctrl+L，填充为橘红色，无轮廓。选择工具箱中的"透明度工具" 図，单击属性栏上"渐变透明度"，再选"椭圆形渐变透明度"，调整透明角度和边界，制造出一种发散的光芒效果，效果参考图3-3-7。

（4）将其放置在矩形框的上面，调整大小和位置后，单击"对象"/"PowerClip"/"置于图文框内部"，鼠标变成"➡"后，单击矩形框，即将对象置入矩形框，超出矩形框的部分自动隐藏。最后去掉矩形框轮廓，效果参考图3-3-8。

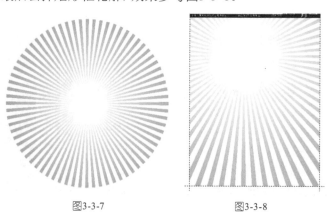

图3-3-7　　　　　　　　　　图3-3-8

活动三 编辑段落文本内容

（1）选择工具箱中的"文本工具" 字，输入大标题文字"咱们工人有力量"，黑体，28pt，红色。绘制两个矩形，合并，作为文本内容的编辑区域，效果参考图3-3-9。

图3-3-9

（2）再次使用"文本工具"，将光标移到文本内容编辑区域的内侧，单击鼠标即可在该区域内部输入文字。

由于文字内容较多，已经提供了一个文本文件作为素材供大家使用。有两种方法可供参考，第一种方法：在CorelDRAW X8 环境下，单击"文件"/"导入…"，选择该文本文件："素材"/"单元三"/"案例三"/"五一国际劳动节文字资料.txt"。第二种方法：单独打开"五一国际劳动节文字资料.txt"，使用"复制"/"粘贴"的方法，效果参考图3-3-10。

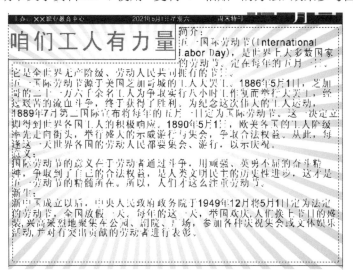

图3-3-10

（3）单击"文本"/"栏…"，弹出"栏设置"对话框，参数设置参考图3-3-11，效果参考图3-3-12。

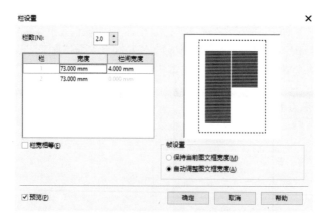

图3-3-11

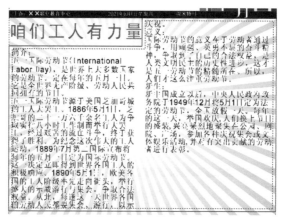

图3-3-12

（4）单击"文本"/"文本属性"命令，打开"文本属性"泊坞窗，展开"段落"设置参数，或者在标尺栏上拖动制表位，参数设置参考图3-3-13，效果参考图3-3-14。

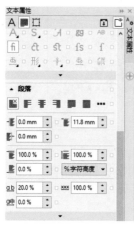

图3-3-13   图3-3-14

知识准备

◎首行：缩进段落文本的首行。

◎左行缩进：缩进首行之外的所有行，即创建悬挂式缩进。

◎右行缩进：在段落文本的右侧缩进。

（5）单击"文件"/"导入…"，导入"素材"/"单元三"/"案例三"/"拳头.cdr"文件，调整大小和角度，放在发散光芒的中间，效果参考图3-3-15。

（6）单击属性栏"文本换行"按钮 ，选择"轮廓图"/"跨式文本"，操作参考图3-3-16。

（7）最后选择文本编辑框，去掉轮廓，最后效果参考图3-3-17。

图3-3-15

图3-3-16

图3-3-17

（8）选择文本工具，在汉字区域的下方按住鼠标左键不放，拖动鼠标形成一个大小合适的虚线框，即为段落文本框，导入"素材"/"单元三"/"案例三"/"五一国际劳动节文字资料.txt"文件，只保留英文部分，字体为Arial，字号为10，效果参考图3-3-18。

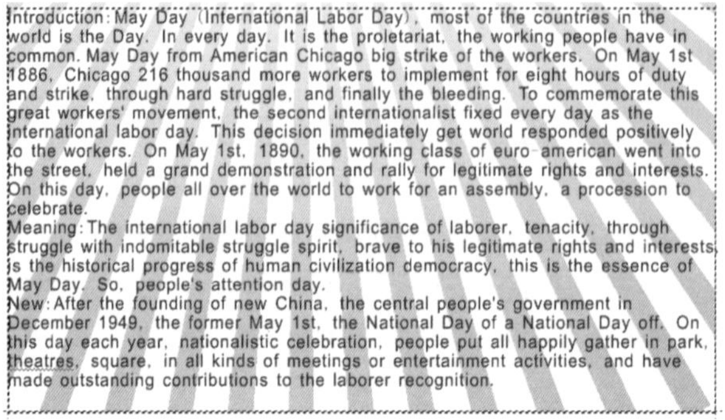

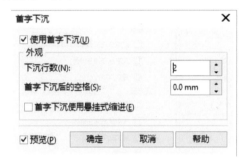

图3-3-18

（9）单击"文本"/"首字下沉"，弹出"首字下沉"对话框，参数设置参考图3-3-19，效果参考图3-3-20。

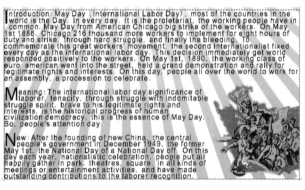

图3-3-19 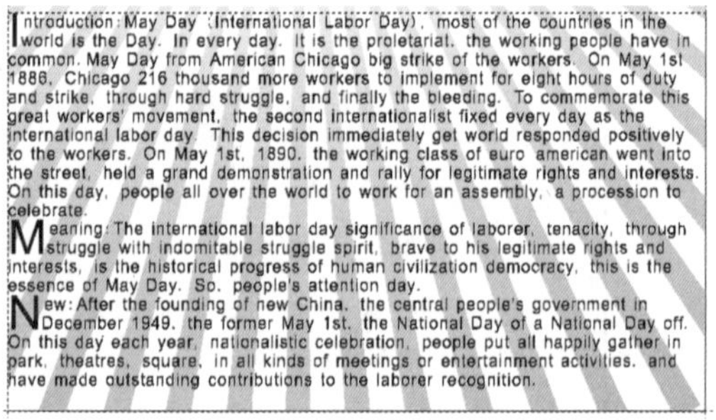   图3-3-20

（10）导入"素材"/"单元三"/"案例三"/"插画.png"插画，调整大小、位置、段落文本换行方式，效果参考图3-3-21。如果文字太多超出文本框所能容纳的范围，可以在"文本属性"泊坞窗中，设置行间距、字符间距和字间距来进行调整。

图3-3-21

知识准备

熟悉"文本属性"泊坞窗的每一项设置的效果。

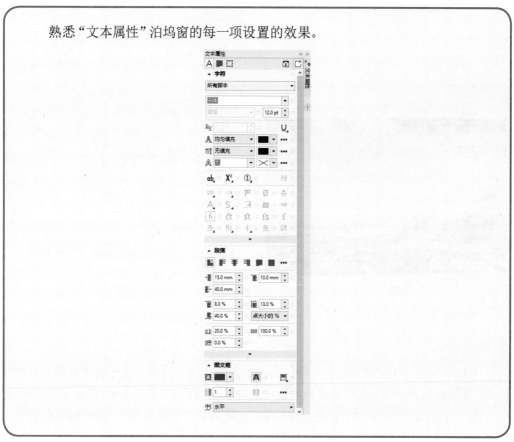

效果拓展

　　买一份报纸,参照上面的文字、图片排版,制作其中一个版面。

案例四　制作主题月历

效果展示

正面　　　　　　　　　　　　　　　　　　　背面（功能页）

效果分析

　　1934年10月，中央主力红军为摆脱国民党军队的围追堵截，实行战略性转移，进行长征。其间经过14个省，走过水草地，翻过大雪山，行程约二万五千里，长征是人类历史上的伟大奇迹。如今的幸福生活是无数革命先烈牺牲自己带给我们的，请时刻铭记历史，吾辈自强。

　　本案例是制作一套以长征路线中的景点为主题月历的其中一页，该页选用的月份是12月，正面以"达古冰川"为背景衬托气候特点，配上环境保护的宣传语，背面作为功能页，充分留足表格空间，用以标注或记事，下方配上发生在达古冰川的红色革命事迹，简洁明了。正反两面都用到了表格来进行编辑和排版。

　　如果要设计中国传统月历，则要输入农历，还可配以节气、节日等，此时要注意文字的大小搭配，通常数字较大，文字较小。

　　为了丰富文字的排版效果及结构布局上的多样化，CorelDRAW X8软件提供了表格工具来满足不同需求。该软件中，我们既可以自己创建表格，也可以将文本转换为表格，还可以从文本文件或电子表格导入表格。处理方式上，我们可以轻松地对齐表格和单元格，调整它们的大小或对其进行编辑，以使它们适合自己的设计要求。

　　完成本任务，主要技能有：

　　◎能够创建表格。

　　◎能够进行表格编辑。

◎能够根据需要处理表格中的文本格式。

◎能够使用表格进行布局和排版。

本案例时间建议分配表

教师演示及讲解	学生操作	教师评价
累计2学时	累计4学时	累计2学时

 效果达成

活动一 背景图片处理

（1）新建一个空白文档，在"创建新文档"对话框中，更改名称为"月历.cdr"，选择"横向"按钮 ▢▫，将页面调整为横向，"宽度和高度"设为：1600pt×900pt，单位设置为"点"，页码数设置为"2"，单击"确定"按钮。参数设置参考图3-4-1。

微课

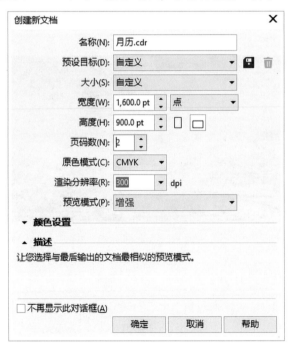

图3-4-1

（2）单击"文件"/"导入…"，选择"素材"/"单元三"/"案例四"/"达古冰川.jpg"图片。选择"对齐与分布"命令，设置图片与页面边缘对齐，如图3-4-2所示。为突出主题，将图片下方多余的人像进行裁剪并调整大小，效果参考图3-4-3。

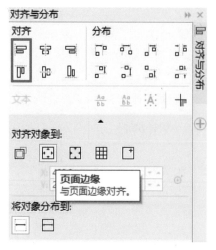

图3-4-2　　　　　　　　　　　　　　　图3-4-3

（3）单击"文本工具" 字 ，输入主题文字"达古冰川"，字体设为"微软雅黑"，大小设为36pt，颜色设为黑色。在合适位置，使用文本工具再次输入宣传标语"保护地质遗迹　珍爱人类家园"，字体设为"微软雅黑"，大小设为24pt，颜色设为90%黑。效果调整参考图3-4-4。

图3-4-4

活动二　编辑排版月历日期

（1）使用"文本工具"，输入月份"十二"，字体设为"微软雅黑—粗体"，颜色设为红色（CMYK：35，100，100，0），大小设为48pt。继续添加文字"月"，字体设为"方正姚体"，大小设为14pt，颜色设为黄色。按住Ctrl键绘制一个正圆形，颜色填充为灰蓝色（CMYK：45，25，0，0），调整顺序到"月"字后一层作为装饰。继续添加其他文字，底部对齐，用以提示和装饰，效果参考图3-4-5。

（2）单击"表格"/"创建新表格"，弹出"创建新表格"对话框，"行数"设为7，"栏数"设为7（一个星期7天，所以栏数为7，一个月最多31天，行数为6，加上第一行的星期标题栏，所以行数为7），参数设置参考图3-4-6。表格位置、高度和宽度则根据实际情况进行调整和对齐。也可以选择工具箱中的"表格工具" 圙，完成此操作。

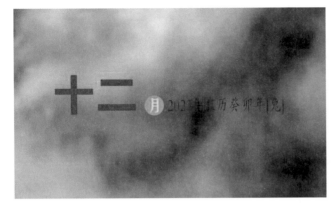

图3-4-5 　　　　　　　　　　　　　　　　图3-4-6

（3）由于背景图的主要颜色和表格默认的线框颜色都是黑色，不方便观察，为了方便操作，改变视图模式为线框模式，单击"视图"/"线框"，效果参考图3-4-7。

（4）选择工具箱中的"文本工具" 字，在表格中完成文字的输入工作，建议汉字的字体设为"微软雅黑"，大小设为24pt，数字的字体设为"Arial"，大小设为24pt。也可结合整个版面比例设置合适的字体大小。为了提高日历的辨识度，将星期日设为与月份"十二"相同的颜色，星期六设为红色，其余设为白色。效果参考图3-4-8。

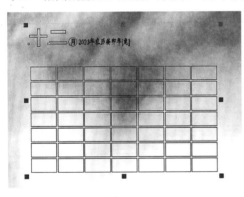
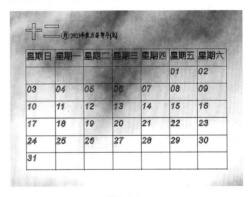

图3-4-7 　　　　　　　　　　　　　　　　图3-4-8

（5）文字输入完成后，通过表格来排版的目的已经达到，接下来我们可以将表格删除。选择表格，转换为曲线，再取消组合，选中表格线框，逐个删除。转换为曲线时，文字也转换成了曲线，此时不能再更改字体，这样做的好处是避免换了系统后，没有所选的字体造成字体被替换或出现乱码现象。

（6）背景图片颜色丰富，为了让日期更加突出，使用工具箱中的"矩形工具" 口，绘制一个矩形作为底板，颜色和轮廓都设为20%黑，透明度设为50%，效果设置参考图3-4-9。

使用文本工具输入月份"12"，字体Algerian，调整合适大小，颜色设为90%黑，透明度设为80%，调整顺序到日期的后面，居中对齐，作为底纹装饰。最后效果参考图3-4-10。

图3-4-9

图3-4-10

活动三　编辑排版日期功能页面

为增强月历的实用性，通常将背面设计成记事功能页。

按照前面活动中使用过的表格编辑方法，将表格单元格尽可能留足空间，用于标注或记事，尽量简洁明了，表格下方配上发生在达古冰川历史事件的文字，增加业余时间的阅读内容，学党史，悟思想。效果参考图3-4-11所示。

微课

图3-4-11

知识准备

1.从文本创建表格

选择要转换为表格的文本,执行"表格"/"将文本转换为表格",根据如图所示的样式,在"根据以下分隔符创建列"区域中,选择"逗号",过程及效果如下:

2.从Word文档或Excel表格中导入表格

执行"文件"/"导入",导入时选择扩展名".xls"的表格文件,在"将表格导入为:"列表框中选择"表格",如下图所示:

 效果拓展

选用一张红军长征路线上的景点作为背景图片,注意月份和天气、环境的结合,使用表格工具进行编辑与排版,制作一张其他月份的月历。

99

"文字效果与图文排版"评价参考表

内　　容		标准/分	自评20%	他评20%	师评60%	得分
能力目标	评价项目					
文本工具的使用	文本的输入	10				
	文本属性的设置	10				
美术字和段落文本的区别使用	在路径上输入文字	10				
	在形状内输入文字	10				
	分栏、首字下沉等文字排版方法	10				
	图文混排方法	10				
表格工具的使用	表格的创建及设置	10				
	表格中文本的处理方法	10				
创意及美感	符合一般审美要求	10				
	有创意意图及表现力	10				

单元四

位图编辑与滤镜特效

X8

单元概述

  在日常应用中,经常会涉及位图的处理,尽管Core1DARW作为一款专注于矢量图形编辑与排版的专业平面设计软件,同时也提供了强大的位图编辑功能,Core1DRAW程序组提供了一个全面的图像编辑应用程序Core1 PHOTO-PAINT来处理位图,在编辑时,可以快速地在Core1DRAW和Core1 PHOTO-PAINT 之间切换。

学习完本单元后,你将能够:

- ⊕ 掌握位图与矢量图的转换方法
- ⊕ 掌握位图编辑、裁剪等基本操作方法
- ⊕ 理解位图的颜色模式及转换
- ⊕ 体会位图常用滤镜的特殊效果
- ⊕ 了解Core1 PHOTO-PAINT软件

案例一　制作波普风格画

效果展示

效果分析

　　本案例是制作波普风格的效果，以一张人物的动作画面作为处理对象，主要是通过
CorelDRAW 的位图编辑功能进行图片处理。

　　波普艺术英文缩写"POP"，即流行艺术、大众艺术。波普风格最早起源于第二次世
界大战以后的新生一代，力图表现自我，追求标新立异，追求大众化、通俗化的趣味，设
计中强调新奇与独特，采用大胆、艳俗、强烈的色彩处理。其特征变化无常，难于统一，
新颖、古怪、稀奇，可以说具有形形色色、各种各样的折中主义的特点，它被认为是一个
形式主义的设计风格。

　　完成本任务，主要技能有：

　　◎能够导入位图。

　　◎能够精确裁剪位图。

　　◎能够隐藏或显示指定颜色。

本案例时间建议分配表

教师演示及讲解	学生操作	教师评价
累计2学时	累计4学时	累计2学时

效果达成

活动一 制作动感背景

（1）新建一个空白文档，将其保存，命名为"波普风格画.cdr"。

（2）单击属性栏上的"横向"按钮 □□，将页面调整为横向。双击工具箱中的"矩形工具" □，绘制一个和页面同等大小的矩形，按住默认CMYK调色板中的红色色样不放，弹出色块选择框，选择右下角色样，方法参考图4-1-1。

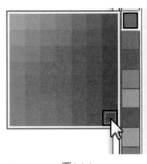

微课

（3）选择工具箱中的"椭圆形工具" ○，绘制一个小圆，按住默认CMYK调色板中的黄色色样不放，弹出色块选择框，选择左下角色样，无轮廓。

图4-1-1

使用小键盘上的快捷键"+"将其复制，按住Ctrl，将复制对象水平移动到旁边，等比例缩小，选择工具箱中的"调和工具" ，从一个圆形拖至另一个圆形，得到一组圆形的调和对象，设置合适的步长，效果参考图4-1-2。

图4-1-2

（4）右击调和对象，选择"拆分调合群组"（按快捷键Ctrl+K）。再次右击，选择"组合对象"（按快捷键Ctrl+G）。复制组合对象，按住Ctrl键，水平移动到下方，再次调合，设置合适的步长，效果参考图4-1-3。

103

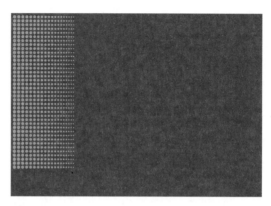

图4-1-3

（5）拆分调合群组，再次组合，复制组合对象，水平移动到旁边，水平翻转，再次重复，最终效果参考图4-1-4。

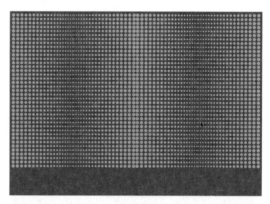

图4-1-4

（6）为了让刚才制作的对象和背景更加融合，处理一些透明效果。取消全部组合，选择除背景以外的全部对象，右击选择"合并"（按快捷键Ctrl+L），选择工具箱中"透明度工具" ▨，竖直向下拖动，调整透明角度和边界，效果参考图4-1-5。

图4-1-5

活动二 制作波普风格画

（1）单击"文件"/"导入…"（按快捷键Ctrl+I），选择"素材"/"单元四"/"案例一"/"照片.jpg"图片，效果参考图4-1-6。

图4-1-6

（2）选择工具箱中"贝塞尔工具" ，沿图片中人物的边缘进行勾勒，描绘完成后，选择工具箱中的"形状工具" ，调整轮廓上的节点，放大图片进行调整，尽可能更加精确，会使后面的处理效果，尤其是头发的细节更加丰富，勾勒后的效果参考图4-1-7。

（3）选择图片，单击"对象"/"PowerClip"/"置于图文框内部"，鼠标变成" ➡ "后，单击刚才勾勒的轮廓，即可将对象置入轮廓，效果参考图4-1-8。

图4-1-7

图4-1-8

（4）选择图片，单击"效果"/"调整"/"亮度/对比度/强度"，参数设置参考图4-1-9，效果参考图4-1-10。

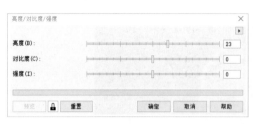

图4-1-9 图4-1-10

（5）单击"位图"／"转换为位图"，弹出"转换为位图"对话框，将"分辨率"设为 "300dpi"，"颜色模式"设为"黑白（1位）"（切不可勾选"递色处理"，整个画面会出 现点状化散开的效果），参数设置参考图4-1-11，效果参考图4-1-12。

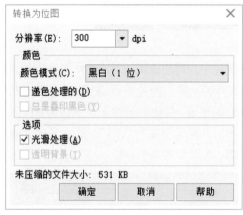

图4-1-11 图4-1-12

（6）单击调色板顶端No fill按钮☒，将该位图的白色部分设置为透明，如果右击其 他色块，画面就会变成不同的颜色，效果参考图4-1-13。

图4-1-13

(7)由于此位图太粗糙,而且放大后还会失真,因此把该位图转换为矢量图。单击"位图"/"轮廓描摹"/"高质量图像",方法参考图4-1-14。打开"PowerTRACE"对话框,调整细节、平滑等参数,勾选"删除原始图像",参数设置参考图4-1-15,效果参考图4-1-16。

图4-1-14

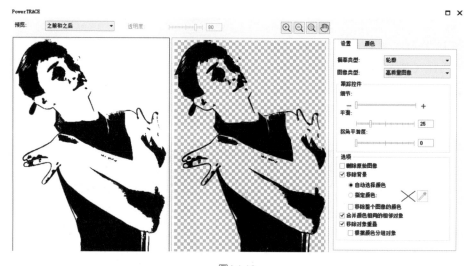

图4-1-15

图4-1-16

（8）右击该图片，选择"取消组合对象"（按快捷键Ctrl+U），删除白色部分，清除白色部分后，还可以继续使用"形状工具" 进行细节调整，最后选择全部画面，再次组合。效果参考图4-1-17。

图4-1-17

活动三　制作标题文字

（1）选择工具箱中的"文本工具" ，在左下方输入文字"每个人都是生活的舞者""THE GROOVE COVERAGE"（意为"舞动精灵"），使用单元三的文字排版技巧，设置适合的字体和大小，颜色使用黄色和白色，效果参考图4-1-18。

（2）按快捷键Ctrl+I，导入"素材"／"单元四"／"案例一"／"人像.jpg"图片，效果参考图4-1-19。

图4-1-18

图4-1-19

（3）单击"窗口"/"泊坞窗"/"效果"/"位图颜色遮罩"，选择"隐藏颜色" ，用颜色选择器，点取图中红色部分，容限设为100，单击"应用"按钮，参数设置参考图4-1-20，调整图片的大小和位置，效果参考图4-1-21。到此，完成整个设计。

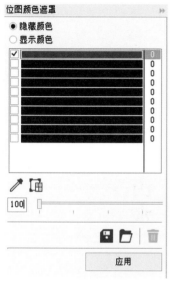

图4-1-20　　　　　　　　　　　　　　　图4-1-21

（4）单击"文件"/"导出"（按快捷键Ctrl+E），将该作品导出为JPG格式。

效果拓展

找一张自己的生活照，打造成波普风格的画面。

案例二　制作广告宣传画

 效果展示

效果分析

　　良好的生态环境，是最普惠的民生福祉，望得见山、看得见水，是建设生态宜居的应有之义。本案例是设计一张以"宜居山水"为主题的广告宣传画，选题湖光山水，设计成国画风格，主题文字则选用中国书法字体。远山近水，白云仙鹤，薄雾轻烟，营造出缥缈空灵的氛围，以突出宜居的独特韵味。

　　CorelDRAW的位图编辑功能是区别于其他矢量图处理软件的一大特色,其位图处理能力强大,有不少独到之处。本案例通过对几个场景进行色彩调整、滤镜处理、图片融合等处理,形成了我们看到的用于广告宣传的画面。

　　完成本任务,主要技能有:

◎能够进行位图的颜色替换。

◎能够调整位图的亮度、对比度和强度。

◎能够合理使用滤镜特效。

◎能够灵活运用图片的合成技巧。

本案例时间建议分配表

教师演示及讲解	学生操作	教师评价
累计2学时	累计4学时	累计2学时

效果达成

活动一　图片调色

　　(1)新建一个空白文档,将其保存,命名为"宜居山水.cdr"。

　　(2)单击属性栏上的"纵向"按钮 ⬜▫,将页面调整为纵向。

　　(3)单击"文件"/"导入…"(按快捷键Ctrl+I),选择"素材"/"单元四"/"案例二"/"山脉.jpg"和"湖.png"这两个图片文件,调整位置和大小,效果参考图4-2-1。

　　(4)选择"山脉"这张图片,单击"效果"/"调整"/"替换颜色",弹出"替换颜色"对话框,单击"原颜色"选项后的"吸管"按钮 🖊,然后单击"山脉"图片中的蓝色部分,即吸取被替换的颜色样本,再单击"新建颜色"选项后的"吸管"按钮 🖊,单击

图4-2-1

微课

"湖"图片中的绿色部分,即吸取替换颜色样本,可适当调整"颜色差异"和"范围",最后单击"确定"按钮,参数设置参考图4-2-2,效果参考图4-2-3。

图4-2-2

图4-2-3

（5）选择"湖"这张图片，单击"效果"/"调整"/"调合曲线"，弹出"调合曲线"对话框，用鼠标拖动曲线，将图片的亮度调亮一点，参数设置参考图4-2-4，效果参考图4-2-5。

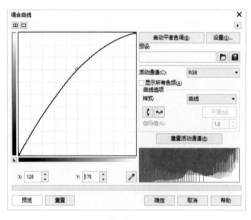

图4-2-4

图4-2-5

活动二　融合图片

（1）按快捷键Ctrl+I导入"素材"/"单元四"/"案例二"/"房子.png"图片，调整位置和大小，放置在两张图片的中间，效果参考图4-2-6。

（2）选择"山脉"这张图片，然后选择工具箱中的"透明度工具" ，选择"渐变透明度" ，调节透明角度和边界。然后按住默认CMYK调色板中的黑色色样不放，分别拖到上下两个色块上，色块变为黑色，即为透明，再按住默认CMYK调色板中的白色色样不放，拖到操作线上，中间增加一个白色色块，即为不透明，效果是去掉上面多余的山和淡化下面的山，效果参考图4-2-7。

图4-2-6

图4-2-7

（3）选择"湖"这张图片，然后选择工具箱中的"透明度工具" 🔲 ，使用上一步相同的技巧和方法，去掉天空以及淡化中间相接的部分，效果参考图4-2-8。

图4-2-8

（4）选择"房子"这张图片，然后选择工具箱中的"透明度工具" 🔲 ，使用上一步相同的技巧和方法，使其上下自然融合在一起，效果参考图4-2-9。

活动三　滤镜特效及标题文字

（1）选择"湖"这张图片，模拟一下雾气升腾，云雾缭绕的效果，单击"位图"/"创造性"/"天气"，弹出"天气"对话框，将"预报"设为"雾"，"浓度"设为"1"，"大小"设为"2"，"随机化"设为"1"，参数设置参考图4-2-10，效果参考图4-2-11。

图4-2-9

113

图4-2-10   图4-2-11

（2）按快捷键Ctrl+I导入"素材"/"单元四"/"案例二"/"云.psd""bird.cdr""宜居山水.png"图片，调整位置和大小，组合全部对象。双击工具箱中的"矩形工具" ▢，绘制一个和页面同等大小的矩形，然后选择组合对象，单击"对象"/"PowerClip"/"置于图文框内部"，操作参考图4-2-12，效果参考图4-2-13。

图4-2-12   图4-2-13

 知识准备

> CorelDRAW程序组提供了全面的图像编辑应用程序Corel PHOTO-PAINT来处理位图，在编辑时，右击要处理的图片，选择"编辑位图"，即可快速切换到Corel photo-PAINT软件的工作环境。

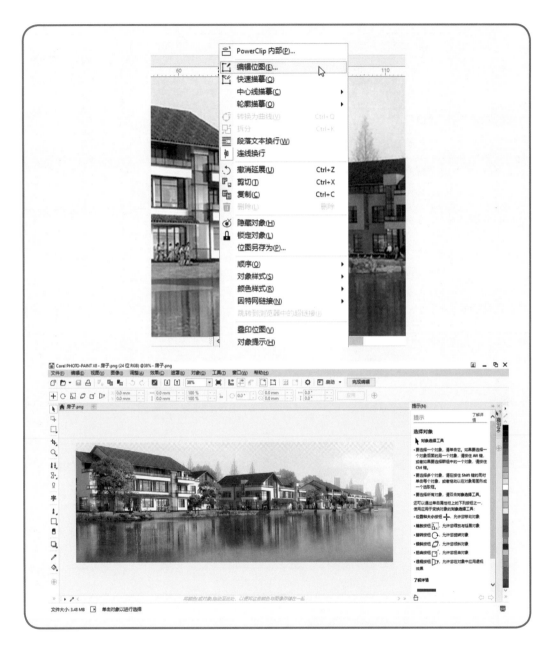

效果拓展

　　"绿水青山就是金山银山",这句深富内涵、极具韵味的经典论述早已成为中国人民耳熟能详的"金句",这是习近平总书记创造性地提出的重要理念,对我国生态文明建设产生了广泛而深远的影响。请以"绿水青山就是金山银山"为主题,设计一张广告宣传画。

"位图编辑与滤镜特效"评价参考表

内　容		标准/分	自评20%	他评20%	师评60%	得分
能力目标	评价项目					
位图的基本操作	导入位图	5				
	裁剪位图	5				
	矢量图位图的转换方法	15				
位图的高级处理	隐藏或显示指定颜色	10				
	颜色替换	10				
	亮度调整	10				
	几张图片的合成技巧	15				
	滤镜特效	10				
创意及美感	符合一般审美要求	10				
	有创意意图及表现力	10				

单元五

综合技术与市场运用

X8

单元概述

  Core1DRAW X8是当今最流行的平面设计软件之一。它强大的矢量图形设计功能在业界得到推崇，广泛应用于印刷、包装设计、矢量图设计、平面广告设计、服装设计、效果图绘制以及文字排版等领域。在本单元中，我们将介绍Core1DRAW X8的综合技术与市场运用，通过市场案例的学习，掌握相应的技能。

学习完本单元后，你将能够：

⊕ 运用Core1DRAW X8制作DM宣传单、海报、外包装设计和宣传手册。

⊕ 掌握Core1DRAW X8的综合操作技巧。

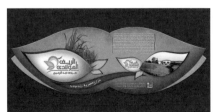

案例一　制作ＤＭ宣传单

 效果展示

效果分析

本案例是商家为周年庆制作的促销宣传DM单，DM英文全称是Direct Mail Advertising，译为"直邮广告"，可以通过邮寄、赠送等形式将广告信息有针对性地直接

传递给真正的受众，其他广告媒体形式则只能将广告信息笼统地传递给所有受众。

完成本任务，主要技能有：

◎能够熟练使用形状工具、文本工具等工具。

◎能够根据实际情况选用、修改素材。

◎能够灵活应用综合排版技巧。

本案例时间建议分配表

教师演示及讲解	学生操作	教师评价
累计2学时	累计4学时	累计2学时

 效果达成

活动一　制作基本信息及宣传语

（1）新建一个空白文档，将其保存，命名为"周年庆.cdr"。

（2）单击属性栏上的"纵向"按钮 □□，将页面调整为纵向。双击工具箱中的"矩形工具" □，绘制一个和页面同等大小的矩形。

（3）选择工具箱中的"交互式填充工具" ，在属性栏上，将"填充类型"设为"渐变填充"，颜色设为"黄色"到"红色"的渐变，以表达喜庆的氛围。

（4）选择工具箱中的"文本工具" ，输入品牌名或公司名"胡瓷砖 重庆大型瓷砖批发超市"。快捷键Ctrl+I导入素材，选择"素材"/"单元五"/"案例一"/"星星.cdr""人物.cdr""广告语.cdr"图片，调整合适的位置和大小，作为装饰和底部衬托，制作过程及效果参考图5-1-1。

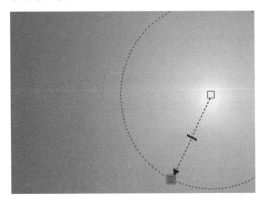

图5-1-1

活动二 制作周年庆标

（1）选择工具箱中的"星形工具"☆，在属性栏上设置参数，参数设置参考 ☆ 36 ▲ 6 ，按住Ctrl键，绘制一个正多边星形，颜色填充为30%黑色，去掉轮廓色，效果参考图5-1-2。

（2）选择工具箱中的"椭圆形工具"○，按住Ctrl键，绘制一个正圆形。选择工具箱中的"交互式填充工具"，在属性栏上，将填充类型设置为"渐变填充/椭圆形渐变填充"，■■■■■■调整好色彩，再将两个图形居中对齐，效果参考图5-1-3。

图5-1-2   图5-1-3

（3）再次使用"星形工具"☆，按住Ctrl键，绘制一个正五角星，放在圆形的内边缘，选择圆和五角星，设置为水平居中，复制一个五角星，双击五角星，把五角星的中心移到圆的中心上，角度设为15°，按快捷键Ctrl+D，快速将五角星围绕圆的边缘复制一周，制作过程及效果参考图5-1-4。

图5-1-4

（4）选择工具箱中的"文本工具" 字，输入文字"30周年庆典""30TH ANNIVERSARY FESTIVAL 1991—2021，汉字字体设为"黑体"，英文字体设为 "Arial"，把"30"复制一个出来，填充为黑色垫底，往右下方移动一点，增强立体感。调整大小和位置，拆分所有字，转为曲线，全部居中，群组，效果参考图5-1-5。

图5-1-5

（5）再次使用"文本工具" 字，输入文字"活动时间：2021年5月20日—5月27日""地点：重庆市渝北区龙溪建材大厦××号"，效果参考图5-1-6。

图5-1-6

活动三 制作促销商品信息

（1）使用"矩形工具" □，绘制一个圆角矩形框，用来划分不同的产品信息，导入"素材"/"单元五"/"案例一"/"礼品盒.cdr"，根据产品信息和客户要求进行合理编排，其中一个区域的效果参考图5-1-7。

图5-1-7

（2）用同样的方法制作其他每一个区域的产品信息，进行位置上的编排后，在底部再加上一些广告语、联系方式等基本信息，参考图5-1-8。完成整个DM宣传单的制作。

到胡瓷砖 买品牌砖

电话:023-61XXXXXX　　手机:138XXXXXXX

详情见店内宣传 本次活动最终解释权属胡瓷砖有限责任公司

图5-1-8

 知识准备

1.认识DM宣传单

DM宣传单是一种广告宣传的手段，是针对广告主所选定的对象，将印制好的印刷品，用邮寄的方法递送从而传达广告主所要传达的信息的一种手段。如今的DM宣传单除了传统邮寄以外，还可借助传真、杂志、电视、网络等媒介，可以柜台散发、专人送达、来函索取、随商品包装发出等。

生活中，常见的DM宣传单有街头巷尾、商场超市散发的促销宣传单，有快餐店、数码商店等印制的宣传单，有卖场专柜、房地产公司的宣传册子等。DM宣传单有传递信息快、制作成本低、持续时间长、针对性强、认知度高等优点，为商家的宣传活动提供了一种很好的载体。DM宣传单的设计及制作可以根据自身具体情况来任意选择版面大小并自行确定广告信息的长短，表现的形式就呈现出多样化，常见形式归纳起来有传单型、册子型和卡片型。

常见DM宣传单赏阅：

商场及产品促销DM宣传单

房地产DM宣传单

造型独特的DM宣传单

2.设计DM宣传单的几点考虑

一份美观的DM宣传单，并非盲目而定。在设计DM宣传单时，若事先围绕它的优点考虑更多一点，将对提高DM宣传单的广告效果大有帮助。设计DM宣传单要考虑的问题大致有如下几点：

（1）详细了解商品，熟知受众的心理习性和规律，知己知彼，百战不殆。

（2）设计要新颖有创意，印刷要精致美观，以吸引更多的眼球，爱美之心，人皆有之。

（3）设计形式无固定法则，可视具体情况灵活掌握，自由发挥，出奇制胜。

（4）若用于邮寄，充分考虑折叠方式，尺寸大小，实际重量。

（5）玩些小花样，如借鉴中国传统折纸艺术，让人耳目一新，但应方便拆阅。

（6）配图时，多选择与所传递信息有强烈关联的图案，吸引注意力，刺激记忆。

（7）充分考虑色彩的魅力，熟悉色彩表达的情感。

（8）好的DM宣传单可纵深拓展，形成系列，以积累广告资源。

在普通消费者眼里，DM宣传单与街头散发的小报传单没多大区别，是一种避之不及的广告垃圾。其实，垃圾与精品往往一步之隔，要想你的DM宣传单成为精品，要想你的DM宣传单打动消费者，可以借助一些有效的广告技巧来提高你的DM宣传单效果，不做足功课下足功夫是不行的。

3.注意事项

（1）尺寸

标准彩页制作尺寸：16开，291×216 mm（四边各含3 mm出血位）。

标准彩页成品大小：16开，285×210 mm。

（2）彩页排版方法

彩页排版时，请将文字等内容放置于裁切线内5 mm，彩页裁切后才更美观。

（3）彩页样式

横式（285×210 mm）、竖式（210×285 mm）、折叠式（对折，荷包折或风琴2折）。

经典赏析

1.造型特异的DM宣传单手册

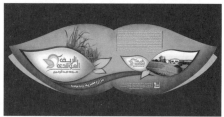

2.厨具DM宣传单

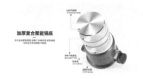

效果拓展

参照商场或商品的DM宣传促销单信息,制作一张DM宣传单。

 效果展示

 效果分析

　　海报,又称"招贴"或"宣传画",属于户外广告的一种形式,分布在各街道、影剧院、展览会、商业区、车站、码头、公园等公共场所,海报也是一种"瞬间"的街头艺术。相比于其他形式的广告,海报具有画面尺寸大、远视效果好、艺术表现力强等特点。

完成本案例,主要技能有:

◎能够熟练使用形状工具、文本工具。

◎能够根据需要合理选用和处理素材。

◎能够灵活运用综合排版技巧。

本案例时间建议分配表

教师演示及讲解	学生操作	教师评价
累计2学时	累计4学时	累计2学时

效果达成

活动一　制作背景

(1)新建一个空白文档,将其保存,命名为"音乐节海报.cdr"。

(2)单击属性栏上的"纵向"按钮□□,将页面调整为纵向。双击工具箱中的"矩形工具"□,绘制一个和页面同等大小的矩形。

(3)选择工具箱中的"交互式填充工具"◇,在属性栏上,颜色设为"黑色"到"蓝色"的渐变,效果参考图5-2-1。

(4)按快捷键Ctrl+I导入素材,选择"素材"/"单元五"/"案例二"/"底纹.cdr",调整合适的位置和大小,填充为"蓝色",作为装饰和底部衬托,效果参考图5-2-2。

(5)选择工具箱中的"透明度工具"▨,在属性栏上,淡化图案下面部分,在颜色过渡上,使底纹和背景更好地融合。单击"对象"/"PowerClip"/"置于图文框内部",置于矩形框内,效果参考图5-2-3。

图5-2-1　　　　　　　　　图5-2-2　　　　　　　　　图5-2-3

活动二　添加及排版与主题相符的图片

（1）按快捷键Ctrl+I导入素材，选择图片："素材" / "单元五" / "案例二" / "声波.cdr" "花纹.cdr" "DJ.cdr"，调整合适的位置和大小，效果参考图5-2-4。

（2）按快捷键Ctrl+I导入素材，选择"素材" / "单元五" / "案例二" / "dancer.cdr" "人群.cdr"，调整合适的位置和大小，效果参考图5-2-5。

图5-2-4

图5-2-5

（3）制作星星，用以点缀，选择工具箱中的"星形工具" ☆，绘制一个八角星形，调整锐度，复制一个，缩小并旋转，选择这两个星形，合并填充为白色，单颗星星效果参考图5-2-6。

（4）复制星星，调整大小和透明度，随意地点缀在画面上，在"声波"上输入文字"JUST FOR FUN"（就是闹着玩的），营造电子科技感，效果参考图5-2-7。

图5-2-6

图5-2-7

活动三　制作主题文字及修饰画面

（1）使用工具箱中的"矩形工具" □、"基本形状工具" 🗠 和"形状工具" 🖎，绘制一个简易的耳机和话筒形状，组合成一个带笑的头像，再使用"文本工具" 字，分别输入文字"2022 中国·重庆 草坪音乐节"，调整字体、颜色、大小和位置，效果参考图5-2-8。

图5-2-8

（2）按快捷键Ctrl+I导入素材，选择"素材"/"单元五"/"案例二"/"文字.psd"，调整合适的位置和大小，效果参考图5-2-9。

图5-2-9

（3）底部的黑色部分用于输入地址、联系电话、促销内容等相关信息，按快捷键Ctrl+I导入素材，选择"素材"/"单元五"/"案例二"/"草坪.png"图片，效果参考图5-2-10。完成整个海报的制作。

图5-2-10

知识准备

1.认识海报

海报是日常生活中极为常见的一种宣传形式,常见的有电影海报、招商海报、演出海报、公益海报等种类。海报中通常要表达清楚活动的性质,活动的主办单位、时间、地点等内容。海报的语言要做到简明扼要,可以用鼓动性的词语来完成宣传任务,但不可夸大事实。海报的形式要做到新颖美观,可以用艺术性的处理来吸引观众,但不可过于抽象增加理解的负担。

常见海报赏阅:

电影海报

文化海报

演出海报

公益海报

2.海报的后期输出方法

海报的后期输出通常采用写真或者喷绘的方法,在市场上,一张写真或者喷绘做出来的成品,价格是以每平方米为计价单位进行计费的,即实际平方数乘以每平方米价格。户内广告的输出多采用写真,如地下通道两旁的小型广告牌、易拉宝及灯箱上面的小面积图像等;户外广告的输出多采用喷绘,如公路旁的大型广告牌,大幅宣传画等。

指示牌、灯箱、易拉宝

大型灯箱宣传画

立牌宣传语

公路旁大型广告牌

3.制作材料

（1）户内写真

◎PP胶片、相纸：就是我们俗称的海报，胶质精美、精度高，后面没有自带胶面。

◎背胶：和胶片、相纸的区别在于后面有胶面，撕开后面薄膜后贴在墙体上。

◎灯箱片：具有图像精美，透光性适中的特点。

◎背胶裱板：将背胶贴在一种类似泡沫的特制板上，四周加边条，可作为公司装饰、展会展示用。有普通板和优质板之分，普通背胶裱板长时间使用板面会有气泡产生。

（2）户外喷绘

◎灯布：用于大面积画面，有外光灯布与内光灯布之分，外光灯布用作灯光从外面照向喷布，内光灯布类似于灯箱片，用作灯箱中灯光照向喷布。

◎车身贴、单孔透：用于贴在车身或者车身玻璃上，黏性好、抗阳光。

◎网格布：网状喷绘材质，用于特殊表现手法的一种材质。

此外还有类似丝绸状材质的绢丝布，有一定油画质感的油画布，它们用于比较浪漫和格调高雅的展示场合。户内写真输出的画面一般就只有几个平方米大小，在输出图像后还要覆膜或裱板才算成品，输出分辨率较高，色彩饱和、清晰。户外喷绘精度通常比较小，尺寸不限，不用过膜。

4.一般要求

◎图像模式要求：目前的喷绘机均为四色喷绘，在作图的时候一定要按照印刷标准操作，喷绘统一使用CMKY模式，禁止使用RGB模式。

◎图像黑色要求：图像中严禁有单一黑色值，必须填加C、M、Y色，组成混合黑。否则画面上的黑色部分会出现横道，影响整体效果。例如：大黑可以做成：C=50，M=50，Y=50，K=100。

◎图像储存要求：写真的图像最好储存为TIF格式，不用压缩格式。但实际操作中喷绘的幅画较大，再低分辨率的TIF格式都很大，存为低分辨率的JPG格式也不会影响效果，否则文件太大，输出就会很困难。

◎尺寸大小要求：喷绘图像大小和实际画面大小是一样的，它和印刷不同，不需要留出血位。一般在输出画面时都留有白边，通常与净画面边缘7 cm。若要求在画面上打扣眼，需事先交代清楚。

◎图像分辨率要求：喷绘图像分辨率没有标准要求，但目前的喷绘机多以11.25DPI、22.5DPI、45DPI为输出时的图像分辨率，所以在不同尺寸时使用的分辨率常常为：图像面积180平方米以上（11.25dpi），30~180平方米（22.5dpi），1~30平方米（45dpi），喷绘图像往往很大，还使用印刷分辨率，那就会影响输出了，故合理使用图像分辨率可以加快作图速度。

经典赏析

广告无处不在，但很多人却是匆匆过客，无视它们的存在，为此，广告设计者费尽心思，设计了许多超有创意的户外广告，希望吸引公众的眼球，让他们驻足观看，过目不忘。下面介绍的户外广告牌，希望我们能从中感受到设计者的大胆创意，开拓视野，吸取借鉴。

133

◎某快餐"日晷"广告: 该广告是李奥贝纳广告公司在2006年为某快餐做的创意广告牌"日晷", 在屋顶上设了一个时钟, 每一个小时数字上放一个快餐食品, 当时这个广告达到了最佳的宣传效果。

◎某保险公司广告: 连广告牌上的油漆桶都有可能倒下来, 还有什么不会发生呢? 灾难总是在无意中发生, 无法预知, 您还是买份保险吧。

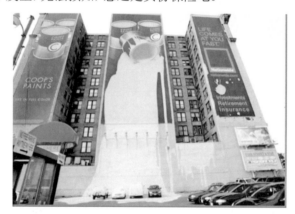

◎某护齿牙膏广告: 用夸张的手法充分利用广告牌的形状营造强烈的视觉冲击力, 突出护齿牙膏对牙齿的保护作用, 让人过目不忘。

◎某品牌胶带广告：为了表现出某胶带绝对的信心，在4个角用胶带就能将一块巨型广告牌固定住！

◎某工具广告：该户外广告巧妙的将广告立柱和广告牌作为一个整体进行设计，底座用紧握工具的手，表达主题："信任在你手中。"突出了该品牌的工具是值得信任的。

◎某吸尘器平面广告：吸尘器的头部图和立柱的巧妙结合形成一把巨型吸尘器，性能"好"得连天上的热气球也给吸下来了。

◎现场音乐演奏会系列海报创意设计：看似杂乱无序的剪纸效果和古典音乐的传统印象相冲突，而恰恰是这种矛盾带给我们无尽的吸引力，现场演奏不是循规蹈矩地完全按照乐谱演奏，随意灵动的剪纸效果暗示这是一种即兴投入的方式，更加让人产生共鸣。艺术源于生活，我们要善用简单、平常的技法，做出扣人心弦的作品。

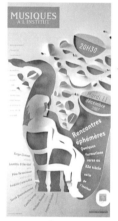

 效果拓展

以一部即将上映的电影为主题,搜集相关信息制作一张电影海报。

案例三 制作礼品盒平面图

 效果展示

效果分析

　　商品在进入流通、消费领域时，包装是不可缺少的。其中，包装的结构造型设计和美化设计的优劣，直接影响产品的外观形象。产品包装设计是对相关产品外部保护和形象体现的一种设计类型。一件精美的产品总是要搭配与之相符的包装设计，才能够称为精美的产品。

　　本案例制作的是一个礼品盒平面图。设计礼品包装时，应以消费者为中心，运用市场营销的理念进行产品的包装设计。在设计前，应考虑到产品的形状、大小、数量，设计出新颖、独特的包装盒。制作前，首先要根据礼品的大小，数量等设计包装盒的长、宽、高，确定包装盒尺寸后，绘制出盒子的平面展开图。再根据产品的特点来设计出主题鲜明突出并具有特色的文字和图案。

　　完成本案例，主要技能有：

◎能够根据包装的实物，灵活设计大小尺寸和选用素材等操作。

◎会创作包装类作品。

本案例时间建议分配表

教师演示及讲解	学生操作	教师评价
累计2学时	累计4学时	累计2学时

 效果达成

活动一　制作包装盒展开图

　　（1）新建一个空白文档，将其保存，命名为"礼品包装盒.cdr"。

　　（2）选择工具箱中的"矩形工具"，绘制出如图5-3-1所示的矩形，作为包装盒的正面，参数设置参考图5-3-2。

图5-3-1　　　　　　　　　　　　　　　　　　　　图5-3-2

　　（3）继续选择工具箱中的"矩形工具"，绘制出宽为330 mm、高为60 mm的矩形，作为包装盒的顶面，效果参考图5-3-3。向上复制一个包装盒顶面。参数设置宽为165 mm、高为60 mm。效果参考图5-3-4。

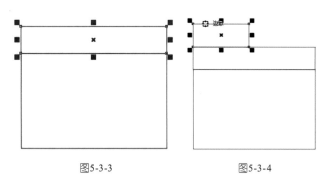

图5-3-3   图5-3-4

（4）选择工具箱中"贝塞尔工具"，绘制出曲线，效果参考图5-3-5。使用工具箱中的"选择工具"，按住Shift键的同时选中小三角形和矩形，单击工具栏中的"修剪"按钮，操作参考图5-3-6。将三角形从矩形中修剪出来，效果参考图5-3-7。

图5-3-5   图5-3-6   图5-3-7

（5）单击"窗口"/"泊坞窗"/"圆角/扇形角/倒棱角"命令，打开"圆角/扇形角/倒棱角"属性窗口。参数设置如图5-3-8所示。单击应用，效果参考图5-3-9。

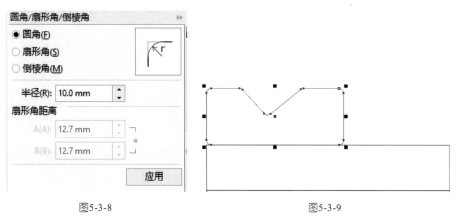

图5-3-8   图5-3-9

（6）选择工具箱中"矩形工具"，绘制3个矩形。效果参考图5-3-10。框选所有矩形，使用工具栏中的"合并"工具，将其合并，效果参考图5-3-11。

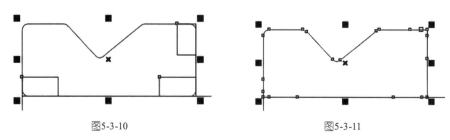

图5-3-10   图5-3-11

（7）复制一个矩形，使用"水平镜像"工具生成镜像，效果参考图5-3-12。框选图中最上方的两个矩形，选择工具栏中的"合并"工具对两个矩形进行合并。效果参考图5-3-13。在最上方矩形的中心位置绘制一个矩形，使用"形状工具"将其调整为圆角，效果参考图5-3-14。

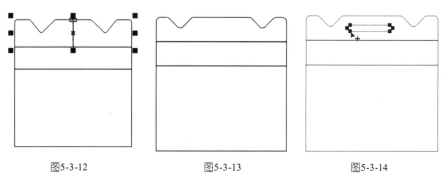

图5-3-12   图5-3-13   图5-3-14

（8）选择工具箱中的"矩形工具"，绘制宽为115 mm、高为210 mm的矩形。作为包装盒的右侧面，效果参考图5-3-15。在右侧面的上方绘制宽为115 mm、高为90 mm的矩形，效果参考图5-3-16。将矩形转换为曲线。选择"形状工具"，单击工具栏中的"水平反射节点" ⟨⟩工具，按住Shift键同时选中两个节点往里拖动到合适大小，效果参考图5-3-17。

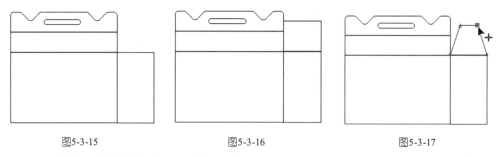

图5-3-15   图5-3-16   图5-3-17

（9）选择工具箱中的"矩形工具"，绘制宽为330 mm、高为115 mm的矩形，作为包装盒的底面，效果参考图5-3-18。继续绘制如图5-3-19所示的3个矩形，并调整到合适的位置。使用工具栏中的"修剪"工具，将中间一个矩形修剪出来，效果参考图5-3-20。

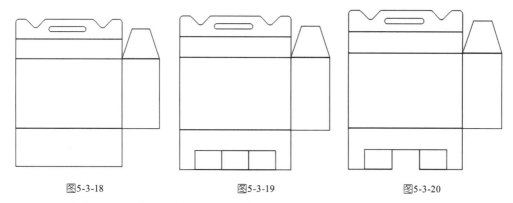

图5-3-18　　　　　　　　　图5-3-19　　　　　　　　　图5-3-20

（10）选择工具箱中"形状工具"，调整包装盒底部矩形，效果参考图5-3-21。框选出包装盒底部的所有矩形，选择工具栏中的"合并"工具对矩形进行合并，继续绘制出宽为115 mm，高为115 mm的矩形，将其转换为曲线，利用"形状工具"在底部的中间位置添加一个节点，在矩形的右下角调整节点到合适位置。效果参考图5-3-22。

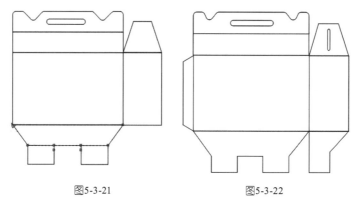

图5-3-21　　　　　　　　　图5-3-22

（11）继续用同样的方法绘制出礼品包装盒展开图的其余部分，并调整到合适大小，效果参考图5-3-23。

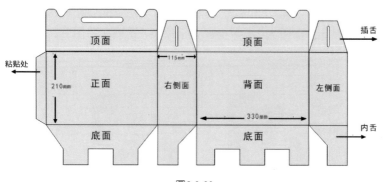

图5-3-23

活动二　制作文字效果

微课

（1）单击"文件"/"导入…"，或者按快捷键Ctrl+I，打开"导入"对话框，选择"素材"/"单元五"/"案例三"/"背景图片.jpg"，将其填充到包装盒的正面和侧面。调整到合适大小。效果参考图5-3-24。

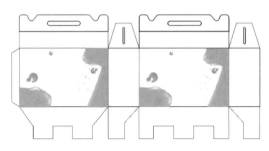

图5-3-24

（2）使用"文本工具" 字 ，输入文字"鲜果时光"，字体设置为"隶书"，调整字号和颜色。再次使用"文本工具" 字 ，输入文字" 自然成熟，美味天成 "，字体设置为"文悦古典明朝体"，调整字体到合适大小。将文字移入包装盒内，放置在合适的位置，效果参考图5-3-25。

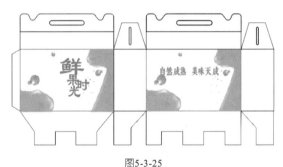

图5-3-25

（3）单击"文件"/"导入…"，打开"导入"对话框，选择"素材"/"单元五"/"案例三"/"绿色食品标志.jpg""橙子.jpg""树叶.jpg""水果.jpg"等素材，将其填充到包装盒的正面和背面。调整到合适大小，并全部置于顶层，效果参考图5-3-26。

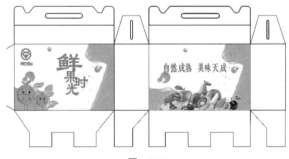

图5-3-26

（4）将左、右侧面颜色填充为深黄色（CMYK：8，25，68，0）。将顶部、底部、插舌、内舌、粘贴处填充为浅黄色（CMYK：7，19，58，0），效果参考图5-3-27。

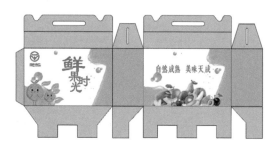

图5-3-27

（5）单击"文件"/"导入…"，打开"导入"对话框，选择"素材"/"单元五"/"案例三"/"美味之选.jpg""条形码.jpg"等素材，放置到相应位置，效果参考图5-3-28。

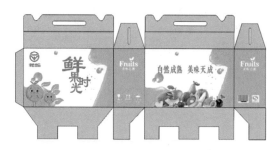

图5-3-28

（6）最后将全部外边框取消。最终效果参考图5-3-29。

图5-3-29

 知识准备

1.包装的作用
包装是指在流通过程中保护产品，方便储运，促进销售，所用的容器、材料和辅助物等的总体名称。

（1）保护被包装的商品

防止风险和损坏，诸如渗漏、浪费、偷盗、损耗、散落、掺杂、收缩和变色等。产品从生产出来到使用之前这段时间，保护措施是很重要的，包装如不能保护好里面的物品，这种包装就是一种失败的设计。

（2）提供方便

在包装设计上，通过奇特的造型、诗情画意的外观图像效果，不仅可以吸引消费者的眼球，还可以提高产品的档次。

（3）容易辨别

为了便于识别，包装上必须注明产品型号、数量、品牌以及制造厂家的名称等，而且不同品牌的同类产品在包装造型设计上也是不同的。

（4）美化增值

包装本身的价值也能引起消费者购买某项产品的动机，除了商品本身的使用价值外，其包装也具有一定的装饰性和美化性。

2.包装设计的分类

商品种类繁多，形态各异，其功能作用也各有千秋。包装的分类方法很多，按包装商品的类型可以分为酒、食品、医药、轻工产品、针棉织品、电器、机电产品和果蔬类包装等。

（1）酒类包装

酒的品种繁多，档次也多。不同种类酒的包装风格也不相同，一般酒的风格都具有民族性和地域性，并且在装潢设计上与酒的质量、价格档次形成一致。

（2）食品类包装

食品是包装行业中的重要组成部分，比如面包、饼干、饮料等。食品包装不但要表达出商品的真实性，还必须满足购买者的欲望和需求。

（3）化妆品包装

化妆品包装主要包括化妆笔、香水、口红等，这类产品无论包装造型或色彩都应设计得简洁干净、优雅大方。

（4）药品类包装

药品类包装主要包括处方药品包装设计、OTC药品包装设计和保健品包装设计。

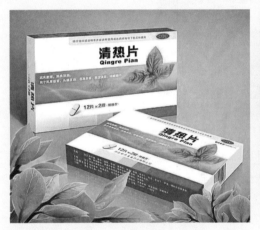

3.包装设计要素

包装设计即选用合适的包装材料，运用巧妙的工艺手段，为包装商品进行的容器结构造型和包装的美化装饰设计。当然，在包装设计过程中一般离不开它的四大视觉要素：色彩、图案、文字和造型。

（1）色彩

包装设计色彩设计必须准确地传达商品的典型特征,产品在消费者的印象中都有相应的象征色、习惯色和形象色。人们有依据包装设计的色彩判断产品性质的习惯,这对包装设计的色彩设计有重要的影响。包装设计色彩还有很多特殊感受,在不同的国家、地区、民族,不同文化程度和不同年龄的消费者对色彩会产生不同的感受。

（2）图案

图案在包装设计上是信息的主要载体,可表现丰富的内容,大致可以分为产品标志图案,产品形象图案,产品象征图案。产品形象图案是产品出现的具体形象,不仅可以采用印刷图案,也可以在包装盒上采用透明或挖空的开窗设计方法,从而透出其中的产品实物。

（3）文字

文字按在包装设计中的不同功能,可以分为形象文字,宣传文字和说明文字3种。形象文字包括品牌名称,产品品名,标识名称等,这些内容代表产品的形象。一般被安排在包装设计的主要展示面上,也是设计的重点。宣传文字是包装设计上的广告语或推销文字,是宣传产品特色的促销口号,内容一般较短。说明文字是对产品做详细说明的文字,它体现产品的详细信息,通常安排在包装的背面和侧面,使用一般印刷字体。

（4）造型

包装设计是指包装的立体造型，如装液体的瓶、罐和各式各样的纸盒及复合材料等。包装造型首先可以暗示产品的功能与用途，如小体积短瓶颈、大瓶口的瓶用来装饮料可以让人直接饮用；大体积、长瓶颈的瓶用来装饮料就让人感觉需要倒入杯子再饮用，此外，包装造型还可以暗示产品的内在价值与档次，即通过包装外部造型的气质和感觉来显示产品内在的品质及档次。

效果拓展

制作食品包装盒。

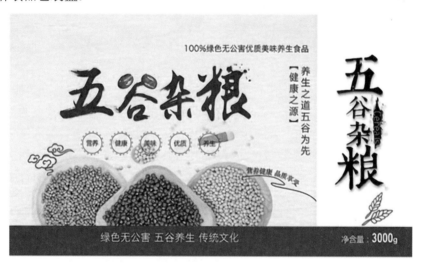

效果描述

根据礼品包装盒的尺寸先设计出食品包装盒的平面图，再添加颜色，最后配上相应文字和图片，制作出食品包装盒效果。

案例四　制作党史宣传画册

效果展示

效果分析

本案例将设计一本党史宣传画册，围绕中国共产党建党一百周年的主题进行画册设计制作，通过对党的发展历程进行文案梳理和排版设计，以红色大气的党建风格为主色调，内容为党史学习资料，将知识传授和价值引领相结合，做到专业课程和思政课程同向同行，培养学生的家国情怀和使命意识。

完成本案例，主要技能有：

◎能够理解宣传画册设计及分类。

◎能够使用钢笔工具、矩形工具、椭圆形工具等绘制形状。

◎能够使用交互式工具组的轮廓图工具。

◎能够使用交互式工具组的阴影工具。

本案例时间建议分配表

教师演示及讲解	学生操作	教师评价
累计2学时	累计4学时	累计2学时

效果达成

活动一　制作封面

（1）新建一个空白文档，将其保存，命名为"党史宣传画册.cdr"。

（2）选择"矩形工具" □绘制一个矩形，并填充为白色到浅红（CMYK：0，13，17，0）的渐变，参数设置参考图5-4-1，效果参考图5-4-2。

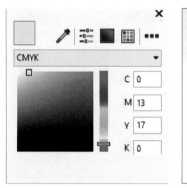

图5-4-1　　　　　　　　　　图5-4-2

（3）按快捷键Ctrl+I导入素材，选择"素材"/"单元五"/"案例四"/"素材1.png"图片，为封面添加云纹背景，效果参考图5-4-3，以同样的方法依次导入"素材2.png""素材3.png""素材4.png""素材5.png"，将素材放置在封面顶部合适的位置，效果参考图5-4-4。

图5-4-3　　　　　　　　　　图5-4-4

（4）完成顶部的制作后，按快捷键Ctrl+I导入底部的素材，选择"素材"/"单元五"/"案例四"/"素材6.png"图片，调整好位置和大小，效果参考图5-4-5。为封面添加党史宣传画册的主要标志"100周年"，凸显主题。导入素材，选择"素材"/"单元五"/"案例四"/"素材7.png"图片，这样即完成画册封面的主要排版，效果参考图5-4-6。

图5-4-5　　　　　　　　　图5-4-6

（5）使用工具箱中的文本工具 字，输入文字"学党史，悟思想，办实事，开新局"，分别设置文字的不同样式。文字"学""悟""办""开"填充为黑色，运用"交互式工具组"/"轮廓图工具" ◎，为文字添加轮廓，操作参考图5-4-7，轮廓填充为白色，效果参考图5-4-8。

图5-4-7　　　　　　　　　图5-4-8

（6）使用"交互式工具组"/"阴影"工具 ◎，为"学"字添加阴影效果，使文字产生立体感，效果参考图5-4-9。

（7）将文字"党史"填充为红色，使用相同的方法，添加轮廓和阴影，调整文字的大小和位置，使画面更灵动、不生硬，效果参考图5-4-10。

图5-4-9　　　　　　　　　图5-4-10

（8）按照以上方法和步骤，制作"悟思想""办实事""开新局"文字的轮廓和阴影效果，并合理布局，完成"党史宣传画册"封面制作，效果参考图5-4-11。

图5-4-11

活动二　制作内页

（1）选择"矩形工具"绘制一个与封面同样大小的矩形，按快捷键Ctrl+I导入素材，选择"素材"/"单元五"/"案例四"/"素材8.jpg"图片，效果参考图5-4-12；再次使用"矩形工具"绘制一个矩形，轮廓为红色，复制3份，纵向排列，效果参考图5-4-13；使用"钢笔工具" ，绘制虚线，颜色为红色，效果参考图5-4-14。

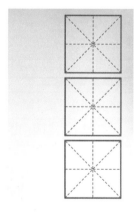

图5-4-12　　　　　　　　图5-4-13　　　　　　　　图5-4-14

（2）选择"文本工具"，输入"学党史"文字，填充为红色，效果参考图5-4-15。再用"椭圆形工具"绘制圆形，填充红色，效果参考图5-4-16。输入文字"开展党史学习教育，以优异成绩迎接建党一百周年"，参考效果图5-4-17。

图5-4-15

图5-4-16

图5-4-17

（3）继续输入文字"中国共产党的党史就是一部中国共产党人初心不改、矢志不渝……"，效果参考图5-4-18。内页最终效果参考图5-4-19。

图5-4-18

图5-4-19

（4）用类似的方法完成其他内页和封底的制作，效果参考图5-4-20。

图5-4-20

知识准备

1.宣传册设计的特点

宣传册设计不仅要注重宣传册的摄影、设计和印刷，而且更要实现企业（或产品）同目标受众进行沟通的重任，最大程度体现企业（或产品）的个性形象与优势形象。所以宣传册设计公司的品牌宣传册设计是要充分了解企业或产品的品牌文化，进而分析宣传册针对的目标对象与市场现状，以企业形象标准为基本，再进行深入而全面的企业（或产品）形象设计表现，最后再辅以感性的照片与优秀的印刷工艺来完成品牌宣传册设计任务。

一本宣传册是否符合视觉美感，要根据图形构成，色彩构成和空间构成来评定，三大构成的完美表现能够提升宣传册的设计品质和企业内涵。

2.宣传册的分类

宣传册设计分为如下3类：

◎折页设计 一般分为两折页、三折页、四折页等。根据内容的多少和展示的风格来确定折页的方式，有的企业想让折页的设计表现出众，可能在制作形式上采用模切、特殊工艺等来体现折页的独特性，进而增加消费者的印象。

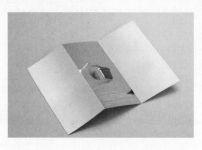

◎单页设计　单页的设计更注重设计的形式,在有限的空间表现出海量的内容。一般都采用正面是产品广告,背面是产品介绍的形式。

◎产品宣传册设计　着重从产品本身的特点出发,分析出产品要表现的属性,运用恰当的表现形式和创意来体现产品的特点。这样才能增加消费者对产品的了解,进而增加产品的销售。

 效果拓展

　　制作出宣传画册的剩余页面,完成整个宣传画册的制作。

"综合技术与市场运用"评价参考表

内 容		标准/分	自评20%	他评20%	师评60%	得分
能力目标	评价项目					
制作DM宣传单	形状工具、文本工具的使用	5				
	素材的应用	10				
	综合排版技巧	10				
制作音乐节海报	形状工具、文本工具的使用	5				
	素材的应用	10				
	综合排版技巧	10				
制作礼品盒平面图	了解包装的作用、分类及设计要素	10				
	会创作包装类作品	15				
制作党史宣传画册	了解宣传册设计及分类	10				
	会创作宣传册类作品	15				